システム工学で描く持続可能文明の設計図

文明設計工学という発想

石田武志 著

大学教育出版

はじめに

　筆者は、機械工学を学んだ研究者である。しかし大学での授業で教えている科目は幅広く、いままで担当した科目の一部を挙げてみると「コンピュータシステム概論」、「機械の基礎」、「電気基礎実習」、「流体工学」、「環境システム論」、「環境シミュレーション入門」、「自然エネルギー入門」となり、多様な専門分野の科目を教えてきた。大学院科目では「生物機械システム特論」、「環境数理特論」を教えていた。よく人からどのような科目を教えているのかと聞かれたときに、的確な返事に困ってしまうことがある。すべての科目をいちいち述べるか、「機械関係を中心にいろいろ教えている…」とごまかして言ってしまうかのどちらにしようかと迷ってしまう。

　また研究分野も同様に多様で、主に研究している分野は、都市エネルギーシステムや分散エネルギーシステム（太陽光発電や燃料電池など）のネットワーク化（スマートグリッドなど）、人工生命シミュレーション、生物形態モデルの機械への応用、大気汚染のシミュレーションなどである。よく言えば広い研究分野に取り組んでいるといえるが、悪く言えば軸足がなく節操がない。多くの学会に顔をだすが、どの学会でも中心的な存在にはなれないアウトローの研究者であるといえるかもしれない。授業科目と同様に人から研究のテーマをよく聞かれるが、これも答えに困ってしまう。「いろいろ…」、これでは明らかに変な研究者である。

　このような研究者になってしまった背景を簡単に述べるとしよう。もともとは機械工学を学び、修士課程までは流体工学を専門としていた。特に流体の流れをコンピュータで解く数値流体力学（CFD）と呼ばれる分野を研究していた。その後、いわゆるシンクタンクと呼ばれる組織に就職したのであるが、そこでは、主に環境分野の調査研究を行った。特にエネルギーシステムの分析や地球温暖化防止技術の導入予測などであり、さらには流体の知識を応用して大気汚染の拡散シミュレーションなども手掛けた。その後、前任の大学では、これらの経験を応用して研究を進めるとともに、かねてから興味のあった生物の機能や原理を工学に応用するバイオミメティクスなどの分野にも取り組んだ。シミュレーションの

技術を用いて、細胞の複製過程のシミュレーションなども実施している。

　このような背景のため、いろいろな分野の科目を担当することになり、また研究分野も多様になってしまった。大学の中でも何か一つの研究に特化して、世界の先端を目指す研究室に較べて、学生からみても分かりにくい研究室になってしまっているのではないかと日頃気にしている。とはいっても研究テーマを一つに絞る勇気もない。なぜなら一つに絞って、その分野で研究成果を出し続けることができるかといった不安があるからである。

　そんなカオス的な研究者が、授業科目として担当していた「環境システム論」の講義ノート（学生に授業中に配布しているプリント）を、再編集して教科書にまとめることを考えているとき、ふと「文明設計工学」という発想が思い浮かんだ。この科目は、環境問題や地球システム・生命システムを「エントロピー」や「エクセルギー」（これらの用語の意味は第2章で解説）を切り口にしてみていくもので、その中の1回分の講義として、古代文明や江戸時代の社会構造をエクセルギーやエントロピーの視点でみていくという授業をしていた。そして、社会構造をエクセルギーなどの視点で考えることをさらに一歩進めて、エクセルギーやエントロピーの視点から将来の望ましい社会や文明の構造を導きだすことができるのではないか、いわば「文明の構造を設計」することができるのはないかと考えた。

　そして「文明設計工学」という着想から、文明の構造の設計を考えているうちに、取り組んでいる研究テーマや授業で教えていることが、一つの線で結ばれていくことがわかった。「文明」をエネルギーという視点でみるときは、授業で教えていたエントロピーやエクセルギーという視点が役に立つし、「文明」を進化というキーワードでみるときは、生物の進化の知識が当てはまった。「文明」を物質の流れでみるときは、環境関係のシミュレーションや機械工学の視点が使える。さらに「文明」を設計という視点からみると機械設計やシステム設計の視点が利用できる。最後に未来の文明を支える基礎的な技術として、筆者が研究テーマとして行っている「自己複製シミュレーション」や「自己組織化エネルギーネットワーク」が使えるのではないかと気が付いた。

　本書で述べることは、筆者が授業等で話している内容や、研究成果を中心にまとめたものであり、そこにいくつかの新しい考えを付加して、次にくるべき新し

い「文明」を「設計」するという可能性を考えてまとめたものである。もちろん本書でこれからくる文明の設計が完全にできたわけでもなく、また文明の設計手法が確立したわけでもないが、新しい検討分野の可能性を提示できたのではないかと考えている。

　本書を読むうえでは、前提となる知識がなくても読むことができるように心がけたつもりである。特にエクセルギーなど熱力学に関する部分は、別枠の解説をいれるとともに、数式などは極力用いずに説明した。理科系の人も文科系の人にも、新しいアイデアを楽しんでもらえればと思う。また本書を読んだ読者の中から、筆者の考えを超えるアイデアが飛び出してきて、衰退していく日本の処方箋を考えだす人がでてくればと願っている。

　本書を執筆するにあたり、このような突飛なアイデアの企画を受け入れていただきました大学教育出版の佐藤守氏、並びに編集を担当していただきました安田愛氏に改めて感謝申し上げます。

システム工学で描く持続可能文明の設計図
―文明設計工学という発想―

目　次

はじめに ………………………………………………………………… i

第1章 文明は生きている!? 生物進化に対比してみる文明の興隆と衰退
………………………………………………………………… 1
1. 文明は「進化」する　*1*
2. 文明の「誕生」と「死」；文明の世代交代が文明進化を引き起こす
　　6
3. 文明の博物学；文明の「進化系統樹」　*8*
4. 文明の相移転；人類史の2つのパラダイムシフト（農業革命と産業革命）　*14*
5. 次のパラダイムシフトの可能性　*16*

第2章 エネルギーの視点でみる文明 ……………………………… 21
1. エネルギーでみる文明の水準　*22*
2. エクセルギーとエントロピーの視点でみる文明の構造　*24*
3. エネルギー資源問題とは無縁の自然界のシステム　*45*
4. 農耕文明のエクセルギー・エントロピー過程　*52*
5. 化石燃料文明のエクセルギー・エントロピー過程　*56*
6. 再生可能エネルギーによる持続可能文明の可能性　*60*

第3章 物質の流れの視点からみる文明 …………………………… 66
1. 文明と科学技術の関係　*66*
2. 「物質エントロピー」でみる生産工程　*69*
3. 産業革命の終着点；人間はどこまで複雑な技術をつくれるか　*79*
4. 新たな産業革命の可能性；3Dプリンタは新しい産業革命を起こすか
　　83
5. 生物に学ぶ新しい機械；自己組織化機械による持続可能文明の可能性
　　87

目次　vii

第4章　文明を「設計」できるか？ ……………………………………… 99
1. 文明の将来予測；予測の可能性と限界　*99*
2. 「予測」から「設計」へ；文明の設計図を描くという発想　*102*
3. 新しい地球の姿を設計図として描く方法；システム工学の手法の利用　*105*
4. 次の文明の設計目標と設計仕様　*109*
5. 次の文明のパラダイムシフトを支える要素技術　*112*
6. 22世紀文明（次の文明のパラダイムシフト後の世界）の設計図　*120*

第5章　日本から生まれる太陽と海の文明 …………………………… *128*
1. 文明のパラダイムシフトが生まれる条件；日本から起こるパラダイムシフト　*128*
2. 文明の設計図の日本への適用1；太陽の文明（エネルギー立国へのシフト）　*133*
3. 文明の設計図の日本への適用2；海の文明（資源循環の国へのシフト）　*139*
4. 地球の「腎臓」の必要性；新しい文明に求められる有害物・放射性物質除去システム　*145*

第6章　パラダイムシフト後の文明世界の俯瞰 ……………………… *150*
1. 文明によって変わる生態系；文明進化は生物進化を加速する　*150*
2. 文明によって変わる人類；そして「惑星生命体」への進化　*152*
3. 「惑星生命体」がつくる宇宙生態系への進化　*155*

さいごに ………………………………………………………………… *157*

第1章　文明は生きている！？
生物進化に対比してみる文明の興隆と衰退

　この章では、古代から現在までの文明の変遷の流れをみて、その特徴を考えてみることとする。単に歴史教科書のように振り返るのではなく、文明を生物の進化と比較しながらみていく。そして、文明も生物のように「誕生」と「死」を繰り返しながら「進化」していくものであるという点を浮き彫りにしていくこととする。

　英国の科学者ジェームス・ラブロックは、地球が一つの生命体であるという「ガイア仮説」を1970年代に提唱した。これは地球の大気や海洋の環境と、生物が相互に関係し合い、現在の地球の環境を作り上げていることを、ある種の自己調整機能を持った「巨大な生命体」と見なす説である。発表当初は科学界で大きな批判を浴びたが、地球関係の科学データの蓄積とともに、あながち唐突な考え方ではないことがわかってきている。このガイア仮説に基づけば、現在の青い地球は、生物がいるから青い地球を保っているということができる。もし今の瞬間に地上の微生物を含むすべての生物が消滅したら、大気中の酸素は瞬く間にさまざまな物質と酸化反応をして、地上は火星のような赤い星になってしまうとラブロックは言っている。

　それでは、地球が一つの生命体であるのならば、我々が生み出してきた文明や国家、社会も一つの生命体や生命体を構成する有機体とみなすことができるのではないだろうか。

1. 文明は「進化」する

　クリストファー・ロイドによる著書『137億年の物語』[1)]が日本でも翻訳出版され、好調な売れ行きとなっている。この書籍は、宇宙の歴史から生物の進化、人類の歴史までを一冊の本にまとめたものである。従来は、理科の教科書と歴史

の教科書に分かれているものを一つにまとめたユニークなものである。そしてこの本は全体が 500 ページ程もあり、さまざまな写真やイラストが豊富に盛り込まれており、歴史の解説がなされている本である。各ページには宇宙の 137 億年の歴史を 24 時間に置き換えた場合の時間が記載されている。宇宙の歴史を 24 時間に置きなおすと、生命の誕生が午前 5 時 19 分 48 秒であり、恐竜の繁栄したころが、22 時 43 分 12 秒である。人類の誕生は、23 時 58 分 43 秒ごろである。そして、本文全体の約 470 ページのうち、23 時 59 分 59 秒のページが 350 ページを占めている。

このように、宇宙の 137 億年の歴史を俯瞰してみると、歴史を 2700 万年（137 億年を 500 で割ると 2700 万年）ずつ 1 ページに均等に記載しているのではなく、137 億年の歴史の後半 5 万年分の出来事が大半のページを占めている。これより歴史の変化はいかに非対称であることがわかる。

また 137 億年をながめて、歴史上の重要な出来事の発生パターンをみると歴史の不連続性が目につく。変化があまりない期間と大きな変化が生じる時期が交互に現れてくるように見える。たとえば、生物の誕生と進化の歴史をみていくと、その前後で生物界の様子が大きく変わってくる出来事がいくつかある。

一つは 38 億年前の生物の誕生であり、これは地球の歴史でも最も大きな出来事であり、生物誕生以後は、生物により地球の化学構成も変化していくこととなる。しかし生物誕生後、しばらく（と言っても 32 億年の間）は、単細胞生物だけの世界が続いた。そしてある瞬間、多細胞生物の誕生の日（およそ 6 億年前）がくる。多細胞生物の誕生は、その後 1 億年後に、カンブリア紀の進化爆発につながる。カンブリア紀の進化爆発は、生物の種類や形態の多様性が一気に増加した時代である。生物の多様性や複雑さの進展は、単調に増えていくのではなく、ある時期に急激に増大するという歴史のパターンがみえてくる。その後は、地球の温暖化とともに恐竜の全盛時期を迎えるが、隕石の衝突による環境激変を境に新しい進化の過程へと移る。そして哺乳類の興隆とともに、人類の誕生と全盛につながっていく。

これらの歴史上のイベントを、年表で示してみると図 1-1 のようになる。図 1-1 の左側の年表が、現在から 50 億年前までを通常の尺度で示したものである。歴史上の重要なイベントが最近の数億年以内で連続的に起こっていることがわか

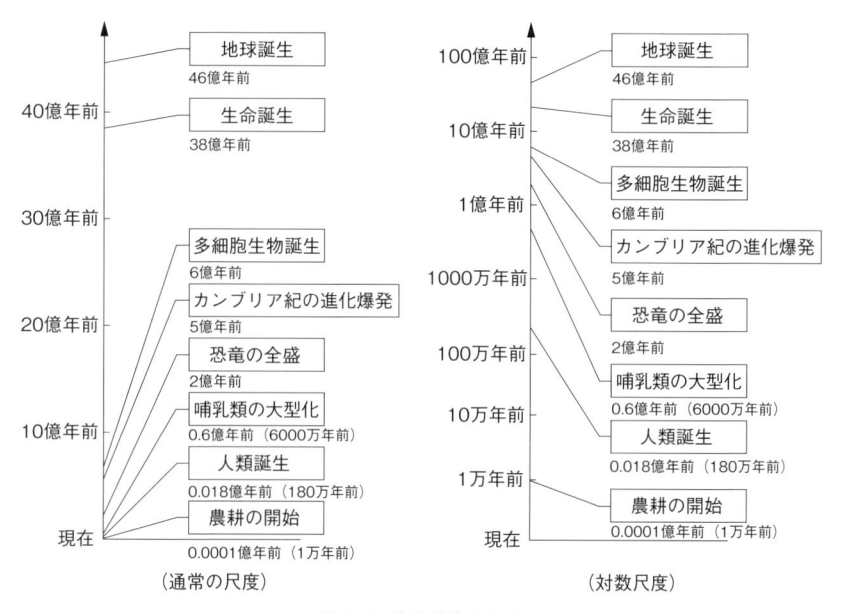

第 1 章　文明は生きている!?　生物進化に対比してみる文明の興隆と衰退　*3*

図 1-1　生物進化の歴史

る。通常の縮尺の年表では、46 億年前の地球誕生と、1 万年前の農耕の開始を 1 つの尺度で示すことが難しい。このような場合、対数の尺度による目盛がよく用いられる。図 1-1 の右側の図が、同じ歴史のイベントを対数尺度で示したものである。1 つ目盛が大きくなるごとに年数が 1 桁増えていく年表となっている。

　これらの年表をみると、歴史の大きなイベントが生じる間隔がより短くなってきていることが直感的にわかる（対数グラフで等間隔に発生している事象は、発生間隔が 1/10 になっている）。すなわち生物の誕生から多細胞生物が生まれるまでに 32 億年の年月がかかっているが、多細胞生物からカンブリア紀の進化の爆発まではわずか 1 億年しかかかっていない。また人類の誕生から、農耕の開始までは 180 万年かかっているが、その後のわずか 1 万年の間に人類は、文明を築きあげて現在に至っている。このように、生物や人類の進化は加速的に進んできていることがわかる。

　それでは、なぜ進化は加速するのだろうか？　カンブリア紀の進化の爆発が起きる理由を考えてみると以下のように考えることができる。まず多細胞生物への進化により生物の形態が大きくなることができるようになる。それに伴いさまざ

まな体形を生み出すことが可能となり生物の多様性が生まれる。生物の多様性が進むと、生物間の相互作用（捕食・被食関係や共生関係など）の組み合わせが爆発的に増え、その中で激しい自然淘汰が起きる。このような自然淘汰の機会が加速度的に増加していくため、生き残るためには進化の速度を上げざるを得なくなり、生物進化のスピードが加速していくのではないかと考えられる。またこのように進化が加速するため、次の大きなパラダイムシフト（進化の不連続時期）の間隔が小さくなり、次の大きな変化を起こすための準備時間も短縮されていくのではないかと考えられる。

『137億年の物語』において、次に文明の歴史のページをみると、ここでも大きな歴史の不連続性が発生していることがわかる。古来、さまざまな文明や国家が地球上に生まれては衰退をしていった。エジプト文明やメソポタミア文明のように衰退し、遺跡となっている文明も数多くある。しかしここでは、個々の文明の細かい歴史をみるのではなく、さらにもう少し大きな視点で歴史の変化をみていくこととする。

人類の歴史が大きく変化したのは、狩猟採集生活から農耕生活へシフトした「農耕革命」と、機械による動力を人類が手にした「産業革命」による変化である。未来学者アルビン・トフラーが1980年に著した『第三の波』[2]では、人類社会のパラダイムシフトを文明という言葉ではなく「波」に例えている。トフラーによると、第一の波は、狩猟採集生活であった社会が農耕技術の発展によって農耕社会に移り変わった「農業革命」である。また第二の波は、18〜19世紀に興った産業革命である。さらにその次に第三の波ともいうべき、「脱産業化社会（post-industrial society）」が登場とすると予言している。これは、産業化社会から脱却し、情報化革命とも言い換えることもできる。

これらの波を年表で示してみると、生物の進化と同じような図を描くことができる。人類誕生以降から情報革命までの人類史の大きなイベントを通常の尺度と、対数の尺度で示したものを図1-2に示す。人類史の進化においても、人類誕生から農耕の開始までは180万年かかっているが、最初の文明から産業革命までは約6000年程度と急激に短くなって、産業革命から情報革命まではわずか200年ほどである。生物の進化と同様に文明の年表をみると、人類社会の進化も加速

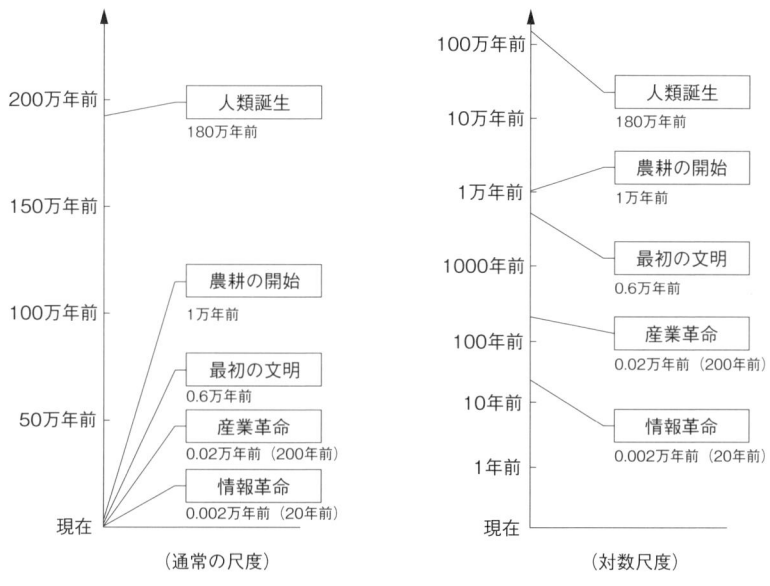

第1章　文明は生きている!? 生物進化に対比してみる文明の興隆と衰退　5

図 1-2　人類社会の歴史

してきているように見える。

　このように文明の「進化」も生物と同様に、波と波の間隔が短くなってきている。これは、農耕社会に移ることで都市・国家が形成され、職人などの専門職が生まれることで、技術的知識の蓄積が可能となったことによる。さらに国家間や地域間の長距離の交易が進み、知識の相互作用が爆発的に増大したためであると考えられる。

　さらに中世にすすみ、科学的思考の発展と科学知識の共有化が進む中で、知識の相互作用が進み、それに加えて社会的な要請（森林からの薪の不足と石炭の採掘の必要性）により産業革命というパラダイムシフトが生まれてきたと考えられる。そして産業革命が生み出した電気通信技術やコンピュータ技術によって、さらに知識の蓄積と情報の伝達が加速し、次の情報革命を生み出す土壌が短期間で形成されてきたのではないだろうか。社会の中での専門知識の高度化と相互作用の増加により、人類社会の進化が加速されていくのは、生物種同士の相互作用の増大により生物進化が加速したのと同じである。

　このように、人類の文明の大きな転換は、加速度的に早くなってきていると考

えられる。それでは、次にくる文明の波（文明のパラダイムシフト）ももうそこまできているのだろうか。

2. 文明の「誕生」と「死」；文明の世代交代が文明進化を引き起こす

　次に生物の進化を起こす要因を考えてみる。進化生物学などでの専門的な知見はいろいろとあると思うが、大きな要因は次の2つであると考えられる（以下、筆者は生物学者ではないので、学問的な表現や内容の点では厳密さに欠けることはご容赦いただきたい）。
　①生物の誕生と死の連続による世代交代
　②生物の形成のための情報（DNA）の蓄積と、情報の交換と変化
　一つ目の要因は、「生物の誕生と死の連続による世代交代」であり、生物の進化が、個々の生物の生死の連続の中で起こっているということである。もし永遠に死なない生物がいた場合、生物の形態はそのままで進化がおこらない。仮に生殖して子孫を残しても、子孫の分の資源をも使ってしまうため、生き延びていく効率が非常に低くなってしまうと考えられる。また古い世代が永遠に生き残ることで、生物が進化する能力を効率的に発揮できなくなり、氷河期や温暖化などの大きな環境の変動が起こった場合、適応できずに絶滅してしまう可能性が高くなる。生物がそれぞれの環境に適応して、他の生物との競争の中で勝ち残るように進化していくためには、適切に世代交代をして、その中で進化をしながら遺伝子をつなげていくことが重要なのである。
　また二つ目の要因は、「生物の形成のための情報（DNA）の蓄積と、情報の交換と変化」である。生物が進化をするためには、生物内での遺伝的な情報の蓄積と、その情報の交換と変化が絶えず起こることが必要である。遺伝子は、生物の交配により情報の交換がなされ、時として突然変異による情報の不連続な変化を起こしていき、この変化の蓄積により生物の形が大きく変化し、想像を絶する多様性を生み出してきている。そして遺伝子が子孫へコピーされていくときに、過去の進化の歴史をその中に蓄積している。人間の胎児も、母親の胎内で誕生したときは、魚や爬虫類のような形から哺乳類の形をたどっていくことからもわかる

ように、進化によって獲得した形態の記憶が遺伝子には残されている。

　そして生物の世界では、生物が誕生して以来、5回程度の大絶滅を経験しているといわれている[3]。このうち3回目の絶滅がもっとも最大のもので、約2億5000万年前に起こった。恐竜時代より少し前の時代である。このとき海洋生物種の90％、陸上生物の70％が姿を消したと言われている。この大量絶滅の原因は、シベリアの大規模な火山活動が関連したといわれているが明確な要因はまだわかっていない。

　またこのような生物の大絶滅の前後で生物の様相に大きな変化がおきる場合もある。例えば4回目の大量絶滅は、恐竜が絶滅したことで有名な2億1000万年前のものである。このとき大型の恐竜が絶滅し、その後は哺乳類が全盛の時代になったように、生物の主役が大きく変化している。生物は、それぞれの種の中での多様性を高くしているため、大きな環境変化が生じても、種の中の一部が生き残り、種の絶滅を回避できる可能性を高くしている。ある環境で競争力がある個体が、環境激変後にも同様に競争力があるとは限らず、それまで競争力があまりなかった個体が、かえって環境に適応できる場合もある。このためそれぞれの種は、種の存続のために自分の種の中に必ず多様性を確保しているのだと考えられる。働きアリの中にも一定の割合で「怠け者」がいるそうである。その怠け者の一部は一生働かない個体もいる。しかしこの働かない個体も環境が大きく変わり、今まで通りのやり方では種の存続が困難になったときに、新たな活躍をするための存在であり、種の冗長性の一部であるといわれている。

　文明の変遷も生物進化を隠喩（メタファー）として考えるならば、個々の文明や国家を一つの生物とみなすことができるのではないだろうか。このとき文明の誕生と衰退は、生物の誕生と死に対応させることができる。そして文明も誕生と死を繰り返しながら進化していくものであると考えることができる。中世ヨーロッパは、ギリシア文明の興隆、ローマ帝国の興隆の中で文化や知識が中世ヨーロッパ文明へと受け継がれる中で、社会の仕組みや制度が進化してきて継続されていると考えることもできる。

　さらに考えを進めると、冒頭でラブロックのガイア仮説の紹介をしたが、地球が一つの生命体として機能しているなら、地球の有機体組織の一部である「文

明・国家」などの社会システムも、「生態系」などの生物システムも地球の「器官」の一部であると考えることができる。生物体内に寄生する微生物は宿主との共生関係で生命を維持しているように、地球という有機体も、地球の体内の「文明」や「生態系」という有機体との共生関係の中で成立して自律的な機能を発現しているととらえられることも可能であると考えられる。

　また、文明や国家ができることで、生物体内に遺伝子を保持して形態の伝達ができるのと同様に、知識や技術が個々の人間の生死を超えて継承されていく制度的な基盤が整った。さらに人間の職業の専門分化が進み、文明や国家間の交易の拡大により、生物において遺伝子の交配と突然変異により多様性が生まれるように、知識の集中と交流により知識の進歩が速やかにできる環境が整ったと考えられる。

　このように文明も「誕生」と「死」を繰り返しながら、「進化」していくことができるひとつのシステムであるという概念で捉えることができる。文明の衰退の歴史が多くの本で書かれており、文明崩壊の要因もさまざまに分析されている。しかし文明の衰退は悲観されるものはないのかもしれない。生物の死が進化にとって必要な条件であるように、文明の衰退もより高度文明を生み出していくための必然的な過程と考えることができる。

3. 文明の博物学；文明の「進化系統樹」

　ここまで「文明」という言葉を定義せずに用いてきたが、文明の定義は歴史学の研究者の間でも確定したものはないようである。生物学者の間でも、生物の統一的な定義が難しいといわれており、さまざまな定義が提案されている。同じように「文明」の定義も、古来の学者により多くの定義が行われてきた。もともとは野蛮で未開な土地や社会に対峙する言葉として、文明という言葉が用いられた。そして、「文化」という言葉に比べてより広い概念を含み、文化を包含し、社会制度や都市システムなども含めた包括的な人間活動を指す場合が多い。例えば古代文明に限ってみると、その特徴としては、それ以前の狩猟採集生活に比べて、①大規模で広範囲にまたがる農耕活動、②余剰農産物の蓄積による富の蓄積、③都市での人々の定住、③職業の分化と社会階層の出現、社会システムの高

度化、④広範囲な貿易、⑤文字の使用、などの特徴がある。

文明の定義とあわせて、文明の分類や類型化についても、多くの歴史学者が研究を進めてきた。歴史家のアーノルド・J・トインビーは、1934年から断続的に刊行されてきた『歴史の研究』[4] の中で20程度の文明を分類し、歴史をそれらの文明の興隆と衰退の過程として描いている。彼は、文明は発生・成長・衰退・解体を経て次の世代の文明へと移行されていくものと考えていた。またトインビーは、文化・思想・宗教の同一性から国家と超えた枠組みとして文明の分類をまとめており、主な文明は以下のようになっている。

第一代文明
  シュメール、エジプト、ミノス、インダス、殷、マヤ、アンデス
第二代文明
  ヘレニック（ギリシア・ローマ）、シリア、ヒッタイト、バビロニア、インド、中国、メキシコ、ユカタン
第三代文明
  ヨーロッパ、ギリシャ正教、ロシア、イラン、アラブ、ヒンドゥー、極東、日本、朝鮮

このほかにもさまざまな文明の分類方法が提案されている。1996年に刊行されたサミュエル・P・ハンティントンの『文明の衝突』[5] にも文明の分類が示されている。この本は、20世紀の米国とソ連の冷戦という世界システムの対立の後にくるのは、文明と文明との衝突という対立軸であると述べている。特に文明と文明が接する断層線（フォルトライン）での紛争が激化しやすいと指摘している。この中でハンティントンは、現在の諸国家を7つまたは8つの主要文明により区分している。すなわち、中国文明、日本文明、インド文明、イスラム文明、西欧文明、ロシア正教文明、ラテンアメリカ文明である。

注目される点は、トインビーもハンティントンも日本を一つの「日本文明」として分類していることである。「日本文明」は「中国文明」から派生したものの、文化や思想、宗教の独自性から一つの文明であると考えているようである。一般に日本人は、「日本文化」や「日本国」は意識して、日本と世界の違いにはややもすると過剰に意識はするものの、日本を一つの文明であるという視点ではとら

えることが少ない。日本は一つの文明圏であるという考え方にたてば、欧米との考え方の違いや文化の違いなどに、必要以上に過敏にならなくてもよいのかもしれない。

また近年の日本は、人口減少や高齢化、産業の空洞化などにより、衰退に向かっているという論調が盛んである。確かに人口減少、労働力人口の減少、超高齢化は間違いなく日本の近未来において現実のものとなるであろう。現在も経済成長が頭打ちになり、科学技術やビジネスのイノベーション力も衰退していく兆しがみえてきている。「日本文明」は、過去の文明と同じように衰退に向かい始めているのだろうか。この点については、日本こそが新しい文明のパラダイムシフトを起こす要件をそろえることができるのではないかという可能性を、第4章と第5章で示している。

トインビーがいうように、文明は発生・成長・衰退・解体を経て次の世代の文明へと移行するのであれば、生物と同様に、その生死の連続の中で文明は進化していくものであると考えられる。また進化していく中で、文明の形態やシステムが変化していくのであれば、これらを系統的にまとめることで、文明の進化の系統図のようなものを描くことができるのではないだろうか。生物の進化の過程を一つの図にまとめた系統図（図1-3　生物進化の系統図）と同じように、文明の進化の系統図を描いたものが図1-4の文明進化の系統図である。

図1-3は生物の教科書などに示されている進化系統図を、非常に簡略化して示したものである。最初の生物は、真性生物、古細菌、真核生物に分かれ、真核生物の中ではさらに植物、動物と細かく分かれて、その一つの線が人類へとつながっている。これに対して図1-4は、古代から現在までの文明をその土地の同一性や歴史的経緯から、系統図のように示したものである。歴史の専門家からみると、不正確なところもあるかもしれないが、全体の系統をみるという視点を重視するため、細かい点はご容赦いただきたい。

図1-4より古代の四大文明が衰退するとその後いくつかの文明に継承され、その中の西欧文明から産業革命がおこり、産業化の波は他の文明圏にも広がっていったという流れをみることができる。ジャレド・ダイアモンド著の『銃・病原菌・鉄』[6]では、西欧文明が世界制覇した経過と理由が詳しく述べられている。

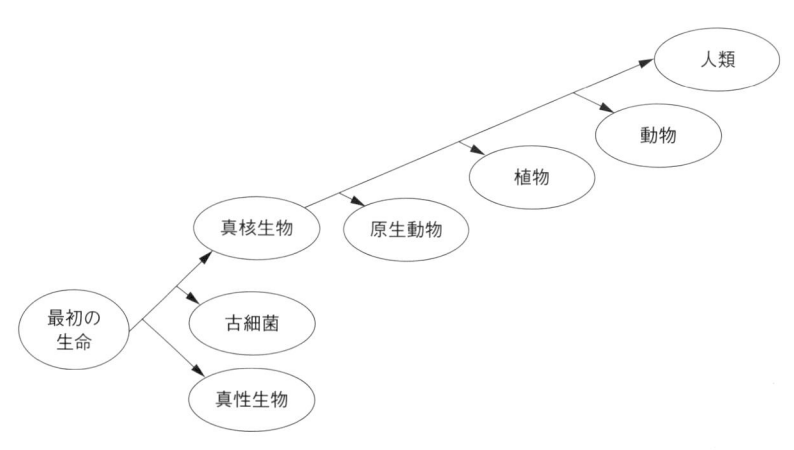

第1章　文明は生きている!?　生物進化に対比してみる文明の興隆と衰退　11

図 1-3　生物進化の系統図

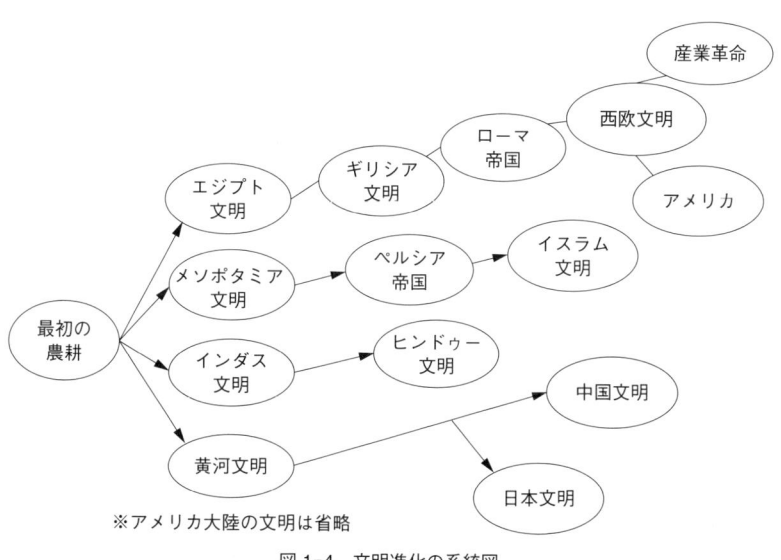

※アメリカ大陸の文明は省略

図 1-4　文明進化の系統図

この中で、西欧文明が成功した理由としては、必ずしも西欧文明が本質的に優れているわけではなく、いくつかの地理的な幸運が偶然に重なったためであると述べている。この偶然とは、
　①良い気候に恵まれていたこと、
　②家畜化できる野生動物や農業化できる野生植物が近くにあったこと、
　③ユーラシア大陸は同じような気候条件の土地が東西に広がっており、家畜化した動物や農業化した植物を簡単に別の土地に広めることができたこと、
　④農業により食糧の余剰が生まれ、専門家の出現を可能としたため（銃などの）テクノロジーが発達したこと、
　⑤家畜から感染した細菌によって免疫力がついたこと、
　　（以上、①～⑤の出典は吉成真由美編『知の逆転』[7] NHK出版新書）
である。新大陸の征服時には、これらの銃（テクノロジー）と馬（家畜化した動物）と細菌が威力を発揮したことが述べられている。またこの『銃・病原菌・鉄』では、中世の時点では中国がもっとも文明が進んでいたといわれているが、中国が世界制覇をできなかった理由は、当時もっとも優れた航海術を持っていたにもかかわらず、「海禁」という領民の海上利用規制政策を実施したため、貿易が抑制され経済の発展が妨げられてしまったためと述べられている。

　ところで、文明の生と死はどのような条件で起こるのだろうか。同じくジャレド・ダイアモンド著の『文明崩壊—滅亡と存続の命運を分けるもの』[8]では、歴史上のいくつかの文明をみることで、文明が崩壊する要因を考察している。吉成真由美編著『知の逆転』にジャレド・ダイアモンドとの対談が掲載されており、そこで文明が崩壊する要因として、次の5つの要因がまとめられている。
　①環境に対する取り返しのつかない人為的な影響
　②気候の変化
　③敵対する近隣諸国との対立
　④友好国からの疎遠
　⑤環境問題に対する誤った対処
　また、文明が崩壊するのは、これらの5つの要因がすべて起こる必要はないと言っている（出典：吉成真由美編『知の逆転』NHK出版新書）[7]。

　また、レベッカ・コスタ著の『文明はなぜ崩壊するのか』[9]では、文明の崩壊

原因として、社会が複雑な社会問題を自ら解決できなくなった状況に陥っているときに、何か社会を崩壊させるような外的要因（例えば干ばつや火山噴火など）があると、一気に文明が崩壊していくと考察をしている。

このように文明崩壊はさまざまな要因により引き起こされるが、いずれにせよ生物進化と同様に、文明が進化するためにも、文明の誕生と崩壊が必然的に必要であると考えられる。そして文明の崩壊は、その跡地に遺跡を生み出すだけではなく、そこで生きていた人々の知識や技術が、その後に生まれる文明に伝搬されて引き継がれていくものである。これにより生物のDNAによる遺伝情報の伝搬と同様に、文明社会を構築し維持するための知識・技術も、文明間で引き継がれてきているのだと考えらえる。

そして文明間での知識や技術の継承の中で、社会システムの基盤もより進化して高度化してきている。古代の文明は、近隣の森林の衰退などで簡単に崩壊をしていったが、現在の文明は、過去の文明に学んで、より牽牛性（ロバスト性）の高い文明へと進化している。生物の進化の過程では、必ずしも環境に最適な個体だけが生まれて生き残るわけではなく、環境が激変しても生き残れるように、個体間の多様性を保持しているように、古来の文明や国家も、時として必ずしも優れているとはいえないシステムや構造をもった社会が生まれるのも進化の過程での多様性の確保と考えられなくもない。

さらに、この文明の進化は現在でも続いていると考えらえる。例えば最近では、共産主義国家の誕生と衰退も一つの文明（社会システム）の自然淘汰の例であると考えられる。20世紀の前半に生まれた共産主義国家という新しい社会システムも、資本主義国家との生存競争に敗れて、ごく一部の国を除いて消滅をしてしまっている。誕生から衰退まで100年も経ておらず、文明の進化のスピードも加速しているように感じられる。

4. 文明の相移転；人類史の２つのパラダイムシフト（農業革命と産業革命）

　前節では、個々の文明について進化の視点をみてきたが、個々の文明の進化を超えた大きな変化を歴史の中でみることができる。これはアルビン・トフラーが「波」に例えた文明の大きなパラダイムシフトである。前述のように、第一の波は、狩猟採集社会から農耕社会への「農業革命」である。また第二の波は、18〜19世紀に興った「産業革命」である。

　人類の歴史上の最初のパラダイムシフトが１万年ほど前の農耕の開始であり、これに続いて興った古代文明においては、農耕技術はどの文明にも共通する基盤となっている。その次に起こったパラダイムシフトは産業革命であり、西欧文明の中から新しいパラダイムシフトとなる動力システムと生産システムの革新が生まれた。農耕が古代以降のすべての文明の共通基盤になったように、産業革命による産業化は、現存する文明すべての共通基盤となっている。産業文明が西欧から起こったことにより、文明の産業化と、西欧文化の取り込みが、各文明の共通の現象として起こっていると考えられる。生物の世界でも個々の生物の進化の中から大きなパラダイムが生まれている。例えば、単細胞生物から多細胞生物の誕生や、光合成生物の誕生など、生物史を大きく塗り替える変化がいくつか生じている。

　次に、これらの大きなパラダイムシフトが生まれる要因について考えてみる。なぜ農耕が生まれたのかについては、さまざまな学説があるが、筆者個人の推察では以下のようではないかと考えている。今から７万年前に始まった最後の氷河期は、狩猟によって食糧を得ていた人類にとっては苛酷な環境であったと想像され、食糧の不足が慢性的に起こっていた。また狩猟採集する人類は身の回りの動植物の豊富な知識を持っており、一部の人類が植物の種を住居に持ち帰り栽培するという試みを始めたのではないだろうか。試行錯誤を繰り返しながら、栽培に適した植物を見つけ、偶然に起こる植物の変異を取り入れることで品種改良を長年かけて行い、細々とではあるが着実に農耕の技術が進展していった。しかし氷河期であるため、農耕による生産性も低く広範囲の農耕には発展せず、食糧のすべてを賄うことが困難であった。そして約１万年前に氷河期が終わり、地球が温

暖な時代になると土地の生産性が高くなり、一部で行われていた農耕技術が一気に開花して広がっていったのではないだろうか。特に肥沃な土地であるナイル川やチグリス・ユーフラテス川の流域では高い生産性の農業が可能になった。農耕による余剰穀物は経済を発展させ、都市の形成、さらには古代文明の形成につながっていったと考えられる。

同じようにイギリスで産業革命が興った要因を調べてみると次のようになる。当時のイギリスでは森林が減少し、慢性的な薪の不足が生じていた。薪の価格が高騰し、一部の庶民は石炭を使用し始めた。石炭は燃やすと黒い煙が出て、非常に扱いにくい燃料であったが仕方なく使用が広まっていった。石炭の使用の拡大に伴い、石炭の生産性の向上のための工夫がいろいろと行われるようになってきた。また中世ルネサンス期からの科学知識の蓄積がゆっくりとではあるが続いてきており、これらの科学知識の蓄積と炭鉱での動力の必要性が土壌となり、蒸気機関の発明をはじめとする産業革命が開花したと考えられる。また当時のイギリスの社会では、17世紀には特許権がいち早く体系化されるなど、技術革新を促す土壌ができていた。また18世紀にはエンクロージャー法が発布され、土地から離れた労働力が都市に流入するという現象も起きており、都市部での産業化の要因にもなっている。

農業革命と産業革命を概観すると、どちらにも共通する事項がみえてくる。大きなパラダイムシフトが生じる社会環境の要因と経過の共通性を整理すると、次のようになる。

①社会的な行き詰まり、社会問題の累積
　　（氷河期時代の食糧難、薪の不足による燃料不足）
②新技術の要素の誕生、科学知識の累積
　　（植物の栽培の試み、炭鉱での生産性向上のための蒸気機関の利用）
③社会をとりまく環境の変化
　　（氷河期が終わり温暖化、イギリスの社会環境の変化）
④新技術の爆発的な浸透
　　（農耕技術の浸透、動力技術の浸透）
⑤社会システム自体の大きな変革
　　（農耕の富による古代文明の誕生、産業化による大英帝国の繁栄・世界制覇）

このように、社会的な行き詰まりの中でも新技術の種が生まれるなどの要因が積み重ねられて、ある時点の社会変化をトリガーとして、社会全体が相変化を起こすように新しいパラダイムシフトが生まれると考えられる。それでは次のパラダイムはいつ、どのような変化がおきるのであろうか。近年のコンピュータ技術の発展や、インターネットをはじめとする情報通信革命は、新しい「波」を起こすための技術の種なのだろうか。あるいは単に、産業革命による機械の高度化、進化の最終形態なのだろうか。アルビン・トフラーは、第三の波は、情報通信技術の進展による「脱産業化社会」であるとしている。これが正しければ、すでに3つめのパラダイムシフトがおこり、社会が大きく変化していることになるが、はたしてそうだろうか。筆者の個人的な考えでは、現在の情報通信革命は、最初の2つのパラダイムのような社会システムを根底から変化させる大きな革命とみるのは少し変化が小さいと考えている。さらに大きな「波」が近づいてきているような気配を感じている。

5. 次のパラダイムシフトの可能性

ハンティントンの定義によると現存する7～8つ程度の文明は、いずれも程度の差はあるものの産業化を取り入れ、近年は急速に情報通信技術も取り込んできている。一見すると産業化により急速に繁栄し、豊かになってきているようにみえる。このように産業化は確かに物質面、食糧生産面で非常に大きなインパクトを与え、物質的な豊かさは進展してきている。一方で豊かさの配分は必ずしも公平ではなく、一部の国や地域では貧困や飢えに苦しんでいる。しかし、今の繁栄が継続すれば、アジアが近年急速に豊かになったように、アフリカを中心とした貧困国もやがては経済成長の波により豊かさの恩恵に与かれるとの見方が多い。しかし一方で現在の文明は地球規模の問題も抱えるようになってきている。

一つは、歴史的にみてここ100年間の人口の増加は加速度的であり、人口がきわめて多い状態となっている。いわゆる人口爆発の問題である。1900年における世界人口は十数億人であったが、1960年には30億人、2000年には60億人となり、現在では約70億人である。国連の予測では2083年で100億人（中位推計）になると推計されている。産業化による農業生産性の向上や治水・灌漑技

術の向上がなされてきているものの、人口増加が急速に進んできているため、食糧不足、水不足などの問題は解消していない。特に水不足の問題は、21世紀の人類にとって大きな問題であり、紛争・戦争の原因になるのではないかと危惧されている。

　さらに二つ目の問題としては、地球温暖化をはじめとする地球環境問題があげられる。産業化に伴い人類の活動規模が大きくなり、これが地球の気候システムや、生態系のバランスを崩すほどになってきている。IPCC（気候変動に関する政府間パネル）第4次評価報告書の予測では、21世紀末の地球の平均気温は1.1〜6.4℃上昇すると予測されており、気温上昇は台風などの大型化を引きおこし、自然災害の増大などにつながると言われている。最近は、温暖化せずに寒冷化に向かうという論説もでてきているが、いずれにせよ人類の活動が地球の気候システムに大きな影響を与える存在になったことは否定できない。また、現在は1日に100種類の生物種が絶滅しているといわれており、このほとんどが人類の活動によるものと推測される。このように人類活動が、地球と生物圏の自律システムを崩壊させる可能性が高くなっており、非常に危険な局面になっていると考えられる。古代文明が森林の衰退とともにその勢いを失っていったように、現在の諸文明も地球環境の激変とともに、衰退の道をたどっていくのだろうか。

　前出のレベッカ・コスタ著の『文明はなぜ崩壊するのか』[9]の考えによると、文明の崩壊原因としては、複雑な社会問題を自ら解決できなくなった状況に陥っているときに、何か社会を崩壊させるような外的要因（例えば干ばつや火山噴火など）があると、一気に文明が崩壊していくとしている。現在の人類も食糧問題や地球規模の環境問題を解決できずにもがいている状態のように思える。このような状態で今何かの外的要因（例えば巨大な隕石の落下や核戦争など）があると、恐竜が絶滅したように、人類が絶滅の危機に瀕することがあり得るのではないだろうか。生物の38億年の歴史の中で、生物の種の大半が死滅する大量絶滅が5回起こっているが、もしかすると人類も含めた6回目の生物の大絶滅がおこることになる可能性もある。

　ジョン・キャスティ著の『Xイベント—複雑性の罠が世界を崩壊させる』[10]は、人類を絶滅させる事件を「Xイベント」と称して、その起こり得るパターンの将来予測をしている。この本では、人類社会に外部から襲い掛かる脅威の他に

も、複雑になりすぎた人類社会が、予想外の振る舞いを起こすことで、破滅に至る可能性が検討されている。例えば、インターネットの内部の脆弱性による世界的な停止、強力な電磁パルスによるあらゆる電子機器の破壊、ナノテクノロジーで自己複製機能を持つナノロボットが無限に増殖して地球を埋め尽くす、人工知能が人類の知能を超え人間を凌駕するなどである。いずれもすぐに起きる可能性は低いものであるが、可能性がゼロではないものである。もし万が一起きることがあれば、現在文明の崩壊へとつながるものであるに違いない。

このように、現在の文明は繁栄をしつつも、同時に困難な問題を抱えており、何かの契機で崩壊の可能性もある状況である。これは、前節でみた農耕革命や産業革命の前夜と同じような状況であると考えることもできるのではないだろうか。新しいパラダイムシフトが生まれる間際にきていると推察できる。

また新しいパラダイムが生まれるときには、その基盤となる技術が生まれているということも述べた。農業革命のときは農耕技術であり、産業革命のときは蒸気機関などの動力機械である。現在の人類社会も科学技術の知識を加速度的に蓄積してきている。特に近年は生命工学の分野の発展が目覚ましく、また複雑な生命現象を紐解く非線形数学、カオス理論、自己組織化理論などの科学知識の土台も醸成させてきている。農業革命、産業革命に代わる新しい文明のパラダイムシフトが生まれる条件がそろってきているのではないかと考えられる。

また、第1章1.でも見たように人類の進化も、文明の進化もそのスピードが加速してきており、そのピークに達しつつある状況であると考えられる。農業革命から産業革命までは約1万年の期間があったが、産業革命が始まってからは、まだ250年しかたっていない。進化はさらに加速していくのだろうか。パラダイムシフトの間隔が非常に短くなってきている。今の時点でパラダイムシフトが起こると、その次のパラダイムシフトは間隔がさらに短くなって数十年後に起きることになってしまう。次のパラダイムシフトで文明の進化は終着駅にたどりつくのだろうか。

現在の情報革命を文明のパラダイムシフトとみなすのは、少し弱いという考えを先に述べたが、あるいは情報革命が大きなパラダイムシフトの端緒となっているとも考えられる。また、ここから先はかなり空想の世界に入っていくが、いままで見てきた生物の進化や文明の進化がクロスして、地球の歴史上、まったくな

かったような異次元のパラダイムシフトが起きる可能性もあるのではないかと個人的には考えている。いわば、パラダイムシフトをさらに超えた「メガ」パラダイムシフトのようなものを迎えて、文明も生物相も新しい次元に移るのである。近年の地球規模の諸問題を根本的に解決し、地球も生命圏も人類も存続していくためには、このような飛躍が必要であると感じている。

「生物誕生」に匹敵する、大きなメガパラダイムにより「惑星生命体」の誕生がおきるかもしれない。これは、地球と生命圏から構成される自己調整システムの「ガイア」に、文明や社会システムをも含有して、巨大な生命体のように機能する地球システムのイメージである。かなり SF の世界か宗教じみた話になってしまうが、「惑星生命体」はさらには地球を超えた宇宙空間で活動し始め、メタ生命体としての新たな進化のステージに移っていくのかもしれない。人類や生物はメタ生命体と共生する内部要素の一部として生きていくことになる。

話が飛躍してきたので、もう少し堅実な路線に戻って、次章以降では、新しい文明のパラダイムシフトをより具体的な形で見通すことができないか、エネルギーの視点と物質循環の視点からみていく。さらには新しい文明の形を「設計」できないかを考察していく。

(引用・参考文献)
1) クリストファー・ロイド著・野中香方子訳『137億年の物語─宇宙が始まってから今日までの全歴史』文藝春秋（2012）
2) アルビン・トフラー『第三の波』NHK 出版（1980）
3) 田近英一監修『地球・生命の大進化─46億年の物語大人のための図鑑』新星出版社（2012）
4) アーノルド・J・トインビー『歴史の研究』1934 年から断続的に刊行された著書
5) サミュエル・P・ハンティントン『文明の衝突』(1996)
6) ジャレド・ダイアモンド『銃・病原菌・鉄〈上下巻〉』草思社文庫（2012）
7) 吉成真由美編『知の逆転』NHK 出版（2012）
8) ジャレド・ダイアモンド著『文明崩壊〈上下巻〉─滅亡と存続の命運を分けるもの』草思社文庫（2012）
9) レベッカ・コスタ『文明はなぜ崩壊するのか』原書房（2012）
10) ジョン・キャスティ『X イベント─複雑性の罠が世界を崩壊させる』朝日新聞出版（2013）

〈参考文献〉

亀井高孝・三上次男・堀米庸三編『標準世界史地図』（増補第 45 版）吉川弘文館（2012）

いずもりよう・長谷川英祐『働かないアリに意義がある！―アリが教える"生き方"』メディアファクトリー（2012）

長谷川英祐『働かないアリに意義がある』メディアファクトリー（2010）

デイビッド・R. モントゴメリー『土の文明史―ローマ帝国、マヤ文明を滅ぼし、米国、中国を衰退させる土の話』築地書館（2010）

高坂正堯『文明が衰亡するとき』新潮選書　新潮社（1981）

トマス・サミュエル・クーン『科学革命の構造』みすず書房（1971）

本川達雄『生物学的文明論』新潮新書　新潮社（2011）

第2章 エネルギーの視点でみる文明

　前章では文明の歴史を生物になぞり、「進化」という視点からみてきた。この章では、文明をエネルギーの視点からみていくこととする。世の中を大きな視点でみると、「エネルギーの循環」と「物質の循環」で成り立っていることがわかる。

　世の中はさまざまな物質で構成されているが、それらはすべて100種類程度の原子により構成されている。原子のさまざまな組合せにより、生命を含めた自然界の多種多様な物質がつくられ、各種の化学反応、核反応などにより物質の種類が変遷している。世の中は、物質がさまざまな変化をしながら循環している世界とみなすことができる。

　また、世の中には物質の他にエネルギーが存在する。エネルギーは、光や熱や電磁波などさまざまな形態をとり、物質の変化にも寄与している。世の中は、物質とともにエネルギーが流れて循環している世界とみなすことができる。

　このような物質とエネルギーが循環する世界で、生物は外部からエネルギーを取り入れ、そのエネルギーを変換して体内の活動や動き回るための動力を生み出している。熱機関（エンジン）が外部から燃料と取り入れ、動力を取り出す装置であるように、生物や都市、文明も、外部からエネルギーを取り入れ、エネルギーを変換し、さまざまな現象や活動を起こす動力機関とみなすことができる。

補足：アインシュタインの特殊相対性理論の帰結として発表された物質（質量）とエネルギーの関係式は以下のようになる。

$$エネルギー E = 質量 m \times (光速 c)^2$$

　この式は質量とエネルギーの等価性を表している。質量が消失するならばそれに対応するエネルギーが発生する（エネルギーが発生する時にはそれに対応する質量が消失する）ことを示す。このため、厳密には、エネルギーと物質は独立し

た存在ではないが、社会システムなどを論じる視点では、エネルギーと質量の変換が起こる現象は核反応などごく一部であるため、本書では、物質の循環とエネルギーの循環をほぼ独立したものとして扱う。

1. エネルギーでみる文明の水準

現在の大都市をイメージしてもわかるとおり、都市は巨大なエネルギーを消費する装置であり、文明も国家も同じようにエネルギーを消費する巨大システムである。文明の規模に応じてそのエネルギー消費総量もまた大きくなるように、文明が使うエネルギーの種類や規模により文明の特徴が規定できる。文明を「進化する生物」という視点でみていくならば、進化を起こし加速するためにもエネルギーが必要である。もちろん文明の形をきめる要素は、エネルギー以外の要因もさまざまあり、資源や食糧の生産性や文明のおかれた環境などにより大きく変化すると考えられる。しかし、農業や工業を動かす根底にはやはりエネルギーが不可欠である。

人類の歴史をエネルギーの消費でみていくと、人類誕生以来、最初のエネルギー革新は、およそ50万年前に人類が火を使用し始めたことである。この火の使用により、人類は安全な居住地の確保や食生活の多様性が得られ、さらに火を囲んで語ることにより、他の動物とは違う「世代を超えた文化」を育むことが可能となった。この知識の蓄積と伝承がその次に始まる農耕文明の下地になったと考えられる。古代文明での農業の始まりから、およそ産業文明までの数千年間は、人類のエネルギー源は、薪（木材）であった。これ以外としては、家畜による動力や、風車や水車による自然エネルギーが用いられていた。そして産業革命から現在までの数百年は、人類は石炭、石油、天然ガスといった化石燃料の利用技術を獲得し、エネルギーの使用量が急速に拡大した。

文明をエネルギー消費量という視点からみるという考え方は古くからあった。そして、文明の水準をエネルギーレベルによって定量的に示す定義として有名なものは、カルダシェフにより1960年代に提案された指標である。カルダシェフは、それぞれの文明の技術水準をエネルギー利用規模によって以下のように3段階に分けた。

タイプⅠ文明

　惑星規模のエネルギーを利用できる技術水準を持った文明。地球を例にするなら、地球に降り注ぐ、1.73×10^{14} kW の太陽エネルギーをすべて利用できる文明の技術水準である。

タイプⅡ文明

　恒星規模のエネルギーを利用できる技術水準を持った文明。太陽系であれば、太陽のエネルギーをすべて利用できる文明となる。

タイプⅢ文明

　銀河規模のエネルギーを利用できる技術水準を持った文明。広大な銀河に広がった文明で SF 小説の世界である。

　この区分からいうと現代の人類のレベルはタイプⅠにも達していいない水準であり、「タイプ0文明」とも呼ばれている。この文明区分に関連して有名なのが、フリーマン・ダイソンが提唱した「ダイソン球」である。タイプⅡの文明水準になると恒星全体のエネルギーを無駄なく使用するため恒星全体を覆うような人工の球殻体を建設しているだろうと予測し、この球体をダイソン球とよぶ。恒星のエネルギーはすべてダイソン球の殻を通り過ぎるときに利用され、ダイソン球の外側にはエントロピーの大きい赤外線のみが放出される。赤外線のみを放出する恒星がみつかればタイプⅡの文明を築いている地球外文明の可能性がある。しかしダイソン球を探す天体観測が続けられているが、いまだに見つかっていない。

　このように、現在の産業文明はタイプ0のレベルにあるが、レベル0の中でもどの程度の水準かをみていくこととする。地球に降り注ぐ太陽エネルギー量 1.73×10^{14} kW を踏まえて、まず石器時代をみていくと、焚火のエネルギーがおよそ 20W と仮定すると、紀元前1万年の世界人口約 1,000 万人とをかけて、人類の消費エネルギーの総量は 2.0×10^{5} kW である。これは、地球に降り注ぐエネルギーに比べて9桁小さい。その後の農耕文明時代でも人口が大きくなった分だけ増えるが、1桁増えた程度であると考えられる。その後の産業革命を経て、現在の世界のエネルギー消費量は、2.2×10^{9} kW であり、地球に降り注ぐエネルギーより5桁小さいレベルにある。しかし、地球規模のエネルギーに達するまでのか

い離はまだ非常に大きく、文明のステージがもう何段階かあがらないとタイプⅠ文明には近づかないと考えられる。

　ところで、「地球規模のエネルギーを消費する文明」とはどのような文明かを考えてみよう。これは科学というよりはSF的な空想に近いものになるが興味深い世界である。はたして、地球の近くに小さな太陽（核融合炉）を持っている文明であろうか。あるいは地表面全体が人工光合成をする文明であろうか。いずれにせよ、地球上の気象現象も自然現象も駆動源は太陽エネルギーであり、このエネルギーの流れが大きく改変される文明であることは間違いなく、今の地表の景色は大きく変貌していると考えられる。

2. エクセルギーとエントロピーの視点でみる文明の構造

　いままでエネルギーを量で考えてきたが、エネルギーには「エネルギー保存の法則」というものがある。物理の教科書で学んだ人も多いと思うが、簡単にいうと、エネルギーの形（力学エネルギー、電気エネルギー、熱エネルギーなど）は変化してもその総量は変化しないという法則である。自動車のエンジン内の熱エネルギーは、タイヤの回転エネルギーに変換され、タイヤと地面の摩擦熱などに変わり空気中に散逸されていく。燃料を燃焼してエンジン内で発生する熱の総量と、エンジン本体の表面や排気ガスや摩擦で空気中に放出される熱エネルギーの総量は等しくなる。これは地球にも当てはまり、地球の大気に降り注ぐ太陽エネルギーの量と同じ量のエネルギーが赤外線という形で宇宙に放出されている。

　　　地球に降り注ぐ太陽エネルギー＝地球から宇宙に出て行く熱エネルギー

　もし赤外線の放出がなく一方的に太陽エネルギーが地球に降り注ぐだけであると、瞬く間に地表は灼熱地獄になってしまう。図2-1は、地球に降り注いだ太陽エネルギーの大気中での挙動を示している。地球に降り注いだ太陽光は、約3割が雲や地面に反射して宇宙空間に逃げていく。残りの7割が大気中に熱として取り込まれる。これらの熱は最終的には赤外線の形で同じ量だけ宇宙空間に逃げていく。

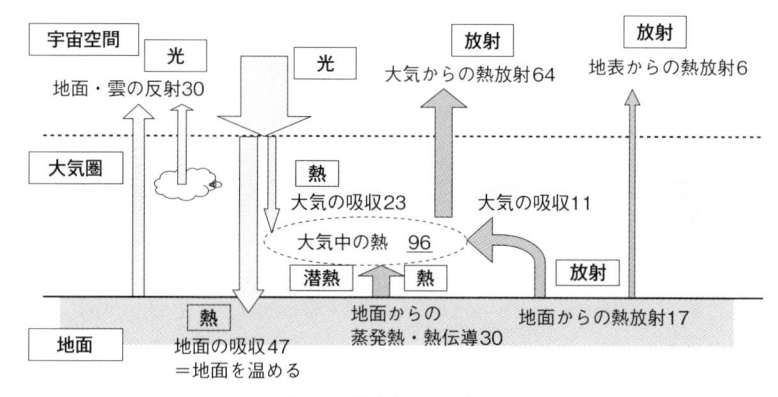

図2-1 地球上の熱収支の図

補足　エネルギーの種類と単位

物理学では、エネルギーを「仕事をする能力」として定義している。仕事とは、ある力で物体を移動させることをいう。物理学的な視点でのエネルギーは以下のような種類があり、エネルギー相互に変換することが可能である。

①力学的エネルギー：運動エネルギー、位置エネルギー、弾性エネルギーなど
②電磁気エネルギー
③光エネルギー：太陽からの放射など
　※光は電磁波の一種であるから、厳密には電磁気エネルギーに含まれる
④化学的エネルギー：燃焼反応による熱の発生など
⑤熱エネルギー
⑥核エネルギー：核分裂、核融合など

また、エネルギーの単位はジュール [J] である。ある力 F[N(ニュートン)] で、物体を L[m] 動かしたときのエネルギー E は、

$$エネルギー（仕事）E[J] = 力 F[N] \times 距離 L[m]$$

となる。ちなみに、力 F[N] = 質量[kg] × 加速度[m/s^2] である。以前はエネルギーの単位として、cal（カロリー）、kcal（キロカロリー）などがよく用いられていたが、国際単位系として現在では、J（ジュール）に統一されている。しかし、今でも実務現場では kcal 単位が利用されている場合がある。換算係数は、1kcal = 4.186kJ であり、これを用いることで J 単位の数値を cal 単位に変換することも、その逆も可能である。

また「出力」は、単位時間当たりに仕事をする能力（仕事率）であり、単位は [J/s] である。これをワット [W] という単位で表す。

ワット［W］を用いたエネルギーの単位として、ワットアワー［Wh］がある。
$$1[Wh] = 1[W] \times 1 時間[h]$$
特に、電力のエネルギー単位としてキロワットアワー［kWh］が良く用いられる。換算係数は、1kWh＝3600kJ である。

補足　熱と温度

日常用語としては、熱と温度を混同して用いることが多いので以下に整理する。

熱エネルギー：物体の温度を変化させるエネルギーであり、必ず温度の高いほうから低いほうへ移動する性質を持っている。この性質が「熱力学第二法則」と呼ばれている。熱もエネルギーであるため、エネルギーの量を［J］単位などで表す。このエネルギー量を熱量ともいう。

温度：物体の暖かさや冷たさの度合いを数字で表したものであり、物体の持っている熱エネルギーによって決まる値（状態量）である。また、物体において熱の出入りがあると変化する（温度の単位は摂氏度［℃］や華氏度［°F］、絶対温度［K］などがある）。

補足　熱の伝わり方には以下のようなものがある

①熱伝導：物質の中を熱が移動していく伝わり方（例：壁を挟んで外側が高温で、内側が低温の場合、高温側の壁面から低温側の壁面に向かって熱が流れる）。

②熱伝達：接触している物質間で熱が移動していく伝わり方（例：ラジエーター、人間の皮膚などで、高温となった表面の熱を空気が奪いさっていくことで熱が移動する）。

③電磁波・光（輻射、放射）：熱を持った物体から放出される。また、物質に吸収されると熱に変わる（例：太陽光が地面にあたると熱に変わり地面を温める、電子レンジは電磁波が食物にあたり熱に変わる）。

④蒸発・凝固（潜熱）：水などの液体が蒸発すると周囲から熱が奪われる。また蒸気が凝縮すると周囲に熱を放出する。液体の蒸発と凝縮を連続させることで熱を移動することができる（例：エアコン、冷蔵庫）。

> **補足　熱力学の基本法則**
> 「熱力学第一法則」：熱における「エネルギー保存の法則」のこと。簡単に言えば「エネルギー全体の量は変わらない」ということ。
> 「熱力学第二法則」：熱エネルギーは、常に温度の高いほうから低いほうへ流れる。この逆は新たな熱エネルギーを追加しないと起こらないという法則。

　それでは、地球に降り注ぐ太陽エネルギーと、地球から宇宙に出て行く熱エネルギーが同じであるならば、なぜ地球温暖化（温室効果）が起こるのだろうか。図2-2のようにガラスで覆われた空間を考える。一方は普通のガラス（熱を通しやすい）で、もう一方は断熱ガラス（熱を通しにくい）とした場合、熱の収支はどのようになるだろうか。実はどちらの場合も流入する太陽エネルギーと、流出する熱エネルギーは同じである。両者の違いは空間内に滞留している熱エネルギーの量である。断熱ガラスは、内外の温度差が大きくならないと、普通ガラスと同じだけ熱を通さないので、断熱ガラスの場合はより多くの熱が滞留し、内部の温度が高い状態になる。

　地球温暖化の原因物質である温室効果ガスは、図2-2の断熱ガラスと同じ効果があり、温室効果ガスが大気中に増加すると、大気中の熱をより多く滞留させ、大気温度が高くならないと、流入するときと同じだけのエネルギーを宇宙に放出できなくなってしまう。厚い布団ほど中に熱が籠って中が暖かくなるのと同じように、大気中の温室効果ガスが毛布のような働きをして、地表の気温が上昇

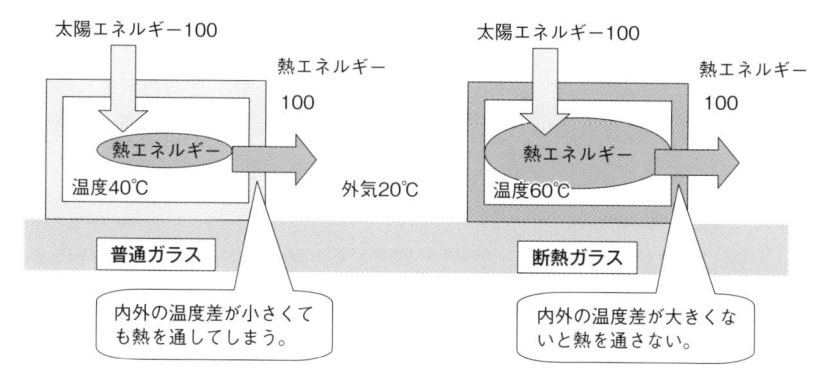

図2-2　温室効果のイメージ

するのである。

　このようにエネルギー保存則により、エネルギーの総量は変化しないのであれば、エネルギー資源の枯渇など起こりえないのだが、エネルギーをみる視点で、もう一つ重要なのがエネルギーの「質」という視点である。同じ100J（Jはエネルギーの単位でジュールとよむ）の熱エネルギーでも、1か所に集中して存在する場合と、空気中に薄く広まってしまっている状態では、エネルギーの量は同じでも質がちがうと考える。1か所に集中した100Jのエネルギーであれば、水を加熱することもできるが、空気中に広まってしまった熱では水を加熱することは困難である。エネルギーの質を考えることがエネルギー・環境問題を考えるうえで非常に重要になる。

　エネルギーの質の重要性が分かった次には、エネルギーの質を数値で表す指標が必要になる。旧来から熱力学の分野ではエネルギーの質を表す状態量が研究されてきて、「エクセルギー」や「エントロピー」などの状態量が考えだされている。状態量というのは温度などと同じように具体的な数値で表すことができる物理量をさす。「エクセルギー」や「エントロピー」の詳細は、理工系の大学では熱力学という科目の中で学ぶ項目である。

　ここで少しこの2つの用語の解説をしておく。

　熱機関（エンジン）は、高温熱源と低温熱源を利用して、動力（仕事）を取り出す機械であり、ガソリンエンジンもディーゼルエンジンも蒸気機関も熱機関である。これらの熱機関を動かすためには、必ず「高温の熱源」と「低温の熱源」が必要である。自動車のエンジンを動かすためには、ガソリンや軽油を燃やした炎が必要であり、蒸気機関車を動かすためには高圧の蒸気が必要なことから「高温の熱源」が必要なことはイメージしやすい。一方でまた、エンジンから出された熱を捨てるための「低温の熱源」も必要である。この低温の熱源は、身近にあるエンジンであれば周辺の大気である。もし周囲の大気がエンジンの燃焼温度を同じぐらい高温になったら、熱の捨て場がなくなるためエンジンは止まってしまう。このように、熱機関は、高温の熱源と低温の熱源がセットで必要なのである。そして、熱機関は、この高温の熱エネルギーを動力（力学的エネルギー）に変換する装置であり、これをシステム的に書くと図2-3のようになる。

　それではなぜ低温の熱源が必要なのかという点を説明するために、図2-4のよ

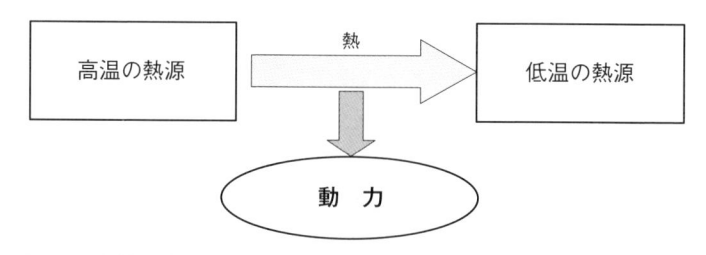

図2-3 熱機関（エンジン）の概念図（どのような種類のエンジンにも高温と低温の熱源が必要）

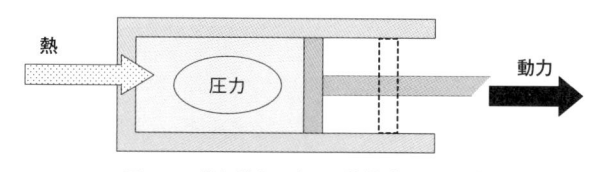

図2-4 熱を動力に変える機構「ピストン」

うな熱を動力に変換する簡単なピストン機構を考えてみる。熱から仕事（動力）を取り出すためには、ピストンが動いて以下の過程を経ることが必要である。

　　　熱をピストンに加える
　→　内部の気体が高温になる
　→　内部の気体の圧力が高くなる
　→　内外の圧力差が生じる
　→　ピストンを押し出す力＝動力が生じる
　→　ピストン内の温度を下げ、圧力を低減させる（内部の熱を外に放出する）
　→　ピストンを押し戻す（ピストンを押し出す力より小さい力で押し戻す）
　→　（最初の状態に戻る）

　もしピストンを押し戻すときに、熱を外部に放出せずに、そのまま押し戻した場合、取り出した動力と同じだけの動力が必要となり、これではまったく外部に動力を取り出せなくなってしまう。このように、ピストン内に加える「高温の熱源」と、熱を外に放出するための「低温の熱源」が必要となるのである。

　それでは高温の熱エネルギーのうちどれだけを動力として取り出すことができるのだろうか。どのようなエンジンでも、高温のエネルギーがすべて動力に変換されるわけではない。熱力学の理論上で最も効率のよいカルノーサイクルとよ

ばれる架空（理論上）の熱機関でも、100%の変換効率は実現できない。カルノーサイクルの効率は以下の式で表される。温度の T_1、T_2 は絶対温度である。

$$カルノー効率 = 1 - \frac{T_2(低温熱源温度)[K]}{T_1(高温熱源温度)[K]}$$

この式から分かるように、分母の T_1 が分子の T_2 より必ず大きくなるため、T_2/T_1 は必ず1より小さくなる。また物質はどんなに冷やしても絶対温度 0[K] に到達できないので、T_2/T_1 は0よりも大きくい数値になる。このためカルノーサイクルは1（すなわち効率100%）よりも必ず小さい値となる。このようにこの式からも高温の熱エネルギーを100%動力に変換することが不可能であることがわかる。

そして、この動力に変換できる部分をエクセルギー（または有効エネルギー）とよび、変換できない部分をアネルギー（無効エネルギー）と呼んでいる。熱の場合には、その温度レベルに依って、エクセルギーの割合が変わってくる。同じエネルギー量でも、その温度が高い程エクセルギーが大きくなる。このため、エンジンの効率を高くするには、燃焼温度を高くすればよいことがわかる。

補足　エクセルギーの定式化

・高温熱源温度を T_1、低温熱源温度 T_2 とした場合、この2つの熱源から取り出せる最大の動力（仕事）を求める。
・質量 m[kg]、温度 T の物体があるとする。
　これを温度 T + dT になるまで下げた場合、取り出すことができる熱量 dQ は、物体の定圧比熱を C_P（単位 J/kg・K）とすると、

$$dQ = mC_P((T+dT) - T) = mC_P dT$$

　で与えられる。
・この熱量 dQ から動力（仕事）を取り出す場合、最も効率のよいカルノーサイクルを用いた場合、効率は以下のようになる。

$$カルノー効率 = 1 - \frac{T_2(低温熱源温度)}{T(今の温度)}$$

・熱量 dQ にカルノー効率をかけると、もっとも理想的な熱機関での動力（仕事）dE を求めることができる。

$$dE = 熱量 dQ × カルノーサイクル効率 \quad \left(1 - \frac{T_2}{T}\right)$$
$$= mC_P \times \left(1 - \frac{T_2}{T}\right) dT$$

- 高温熱源温度を T_1、低温熱源温度 T_2 であるので、この式を T_2 から T_1 まで積分する

$$E = \int_{T_2}^{T_1} mC_P \times \left(1 - \frac{T_2}{T}\right) dT$$
$$= mC_P \left\{ (T_1 - T_2) - T_2 \cdot \ln\left(\frac{T_1}{T_2}\right) \right\}$$
$$= (とりだせる熱量) - (無効エネルギー)$$
$$= (エクセルギー)$$

- この仕事 E が、高温熱源温度 T_1 と低温熱源温度 T_2 の間から取り出すことができる最大の仕事である。
  取り出せる熱エネルギーすべてを仕事に変換することは不可能であり、必ず無駄になるエネルギー（無効エネルギーの項）が生じる。
- 有効に利用できる熱エネルギーを「エクセルギー」という。

次に「エントロピー」を考える。まず思考実験として、100℃の熱湯1リットルを部屋の中に置いておく場合を考える。部屋の壁が完全に断熱されており、外との熱や空気の出入がないとした場合、100℃のお湯はしばらく放置しておくとお湯の温度と部屋の温度はどうなるだろうか（図2-5）。お湯は徐々に冷めて、逆に部屋の空気は暖められて、いずれはある一定の温度（例えば23℃）でお湯

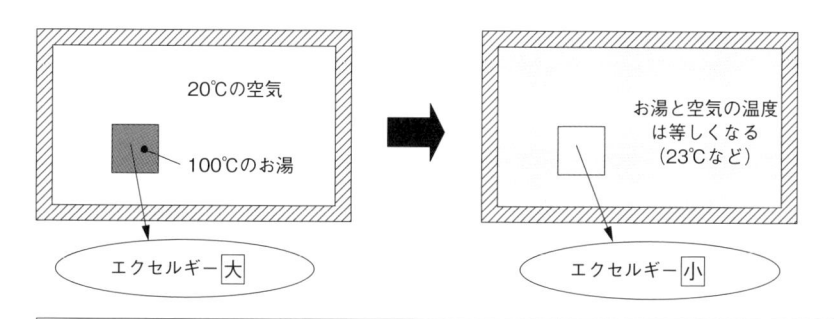

高温の熱ほど、動力として取り出すことができるエネルギー（＝エクセルギー）が大きい。

高温・高圧のエネルギー源ほどたくさんの動力を取り出すことができる。このため簡単に高温、高圧を作り出すことができる化石燃料（石油、石炭、天然ガスなど）を我々は大量消費している。

図2-5　エネルギーの質の変化（熱量の総量は不変でもエクセルギーが変化している）

と空気の温度が等しくなって、それ以上変化しなくなる（これを平衡状態という）。この過程の前後では、室内全体の熱エネルギーの総量は断熱してあるため失われていない。しかし、この過程でエネルギーは減らないが、何かが変化している。

このとき、エネルギーの「質」が変化していると考えられる。「100℃のお湯」は、温度が環境温度と差がある熱であり、これでものを加熱したりすることができる「価値の高いエネルギー」である。一方、「23℃の水と空気」は、環境温度と等しい温度の熱エネルギーであり、これで何かに仕事をさせることなどができないため、「価値の低いエネルギー」である。このように同じエネルギーの量であっても、エネルギーの価値、すなわち「エネルギーの質」が変化していることがわかる。

それでは次にこのエネルギーの質とは何かをもっと微視的にみていく。「熱エネルギー」は、微視的にみると原子・分子の振動である。このため、

「温度が高い」＝分子・原子の振動が激しい

「エネルギーの密度が高い」＝振動している分子・原子が集合していること

ということができる。これより、

「質の高い熱エネルギー」＝分子・原子の振動が激しく、集まっている状態

「質の低い熱エネルギー」＝分子・原子の振動が小さく、分散している状態

とみなすことができる（図2-6）。

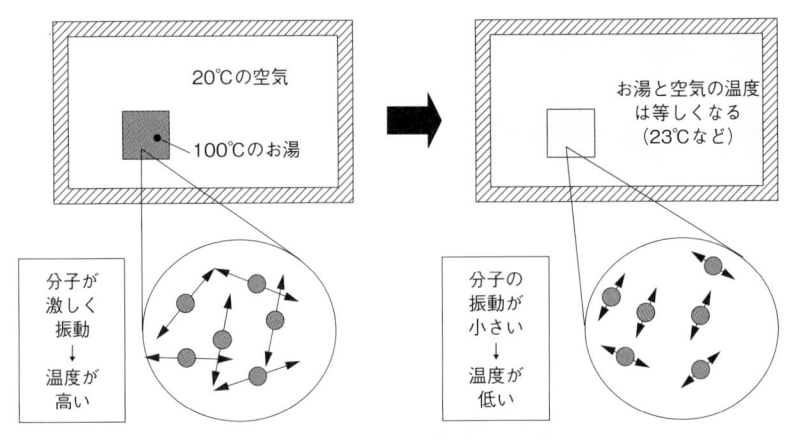

図2-6 熱エネルギーの「質」の考え方

エクセルギーは熱エネルギーから動力として取り出すことができる量として、エネルギーの質を表すものであった。一方で分子・原子の振動の大きさ、分散度を表す指標をつくれないかという視点で考えだされたものが、「エントロピー」という量である。「エントロピー」とは、分子の振動の乱雑さ、無秩序の度合いを表すものであり、エネルギーの質を表すための指標である。ドイツのクラウジウスが「エントロピー」（ドイツ語：Entropie）という言葉を1865年に作った。"en"は「中に」という意味の接頭語で、"tropie"は「変化」を表すギリシャ語から作られた言葉である。このためエントロピーとは「変化に内在するもの」という意味である。一般に、高密度で一か所に集まった高温のエネルギーほど質が高く、拡散して低密度になった低温のエネルギーほど質が低いと考える。高密度で高温のエネルギーであれば、何かを加熱して有益な作業を行うことや、多くのエクセルギーを得ることができるが、空気中の低密度で低温の熱では何かをすることが難しい。そして、世の中は何もしなければ、熱力学第二法則（補足参照）により、熱は高温から低温に流れる。すなわち分子の振動は高秩序から低秩序に向かう。分子の振動の分散度が大きいほどエントロピーも高くなると定めているため、熱力学第二法則に従うということは、エントロピーは常に増大する方向に変化するということを意味する。これを「エントロピー増大の法則」という。

　図2-7のようにあるシステム（系）が、高温の環境に接すると、熱は環境からシステムに移り、システムは高温となる。このとき受け取った熱量（単位ジュール［J］）をシステムの絶対温度（単位ケルビン［K］）で割った値がエントロピーである。

$$\text{エントロピー } S = \frac{Q(\text{移動した熱量})[\text{J}]}{T(\text{絶対温度})[\text{K}]}$$

エントロピーは物理的な状態量であり、数値で表すことができる。以下のように断熱された部屋で、最初は100℃と20℃の空気に分けられていたものが、内部の仕切りを取り除き空気が混じりあった場合を考える。しばらくすると部屋の温度は、60℃になる。この前後でのエントロピーの変化はどのようになるかを考えてみる（図2-8）。

図2-7 エントロピーの考え方

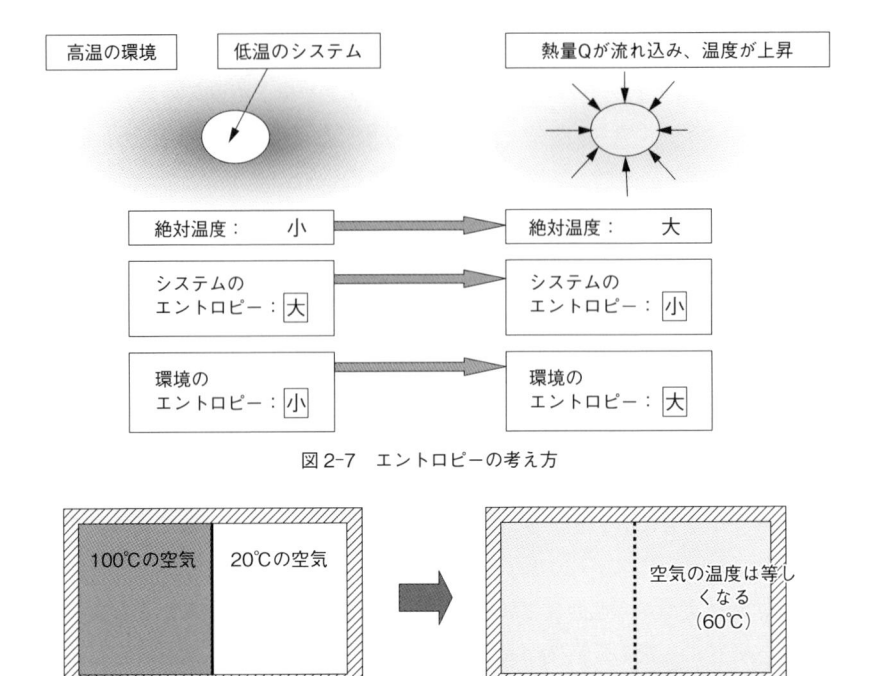

図2-8 エントロピーの検討（エネルギーの総量は変化しないがエントロピーが増加する）

ここで、部屋全体のエントロピーの増減は、以下のように表すことができる。

　　　部屋のエントロピーの増減
　　　＝100℃空気が60℃になったときのエントロピーの増減
　　　＋20℃空気が60℃になったときのエントロピーの増減

また、温度 T_0 から T_1 まで温度が変化した場合のエントロピー変化 ΔS は以下の式で表すことができる（式の導出は補足に示す）。

$$\Delta S = mC_P \times \ln\left(\frac{T_1}{T_0}\right)$$

この式を用いると、
100℃空気のエントロピーの増減 ＝ 100℃空気の質量 $\times C_P \times \ln\left(\dfrac{60+273}{100+273}\right)$
　　　　　　　　　　　　　　　＝ $1 \times C_P \times -0.113$
20℃空気のエントロピーの増減 ＝ 20℃空気の質量 $\times C_P \times \ln\left(\dfrac{60+273}{20+273}\right)$
　　　　　　　　　　　　　　　＝ $1 \times C_P \times 0.127$

となり、

部屋のエントロピーの増減 = 100℃空気のエントロピーの増減
　　　　　　　　　　　　　+ 20℃空気のエントロピーの増減
　　　　　　　　　　　= $1 \times C_P \times -0.113$
　　　　　　　　　　　　+ $1 \times C_P \times 0.127$
　　　　　　　　　　　= $0.014 \times C_P$ 　　C_Pは正なので、常に正になる。
　　　　　　　　　　　> 0　（エントロピーは増加する）

これは、あるシステム内で熱が高い温度から低い温度へ移動すると、必ずエントロピーが増加することを意味している。すなわち、世の中の熱の流れはエントロピーを増大させる方向に変化する。これを「不可逆過程」ともいい、自然の状態では一方方向にしか変化が起こらない過程である。世の中のエネルギーを支配する熱力学第二法則によると、常に価値の高いエネルギー（温度が環境温度から差がある熱）から低いエネルギー（環境温度の熱）の方に変化する。この逆は自然には起こらず、新たなエネルギーを追加しないと起こらない。よって世の中の自然の現象におけるエネルギー変化は、すべてが不可逆過程であるということができる。ことわざの「覆水盆に帰らず」（一度起こってしまったものは元に戻せ

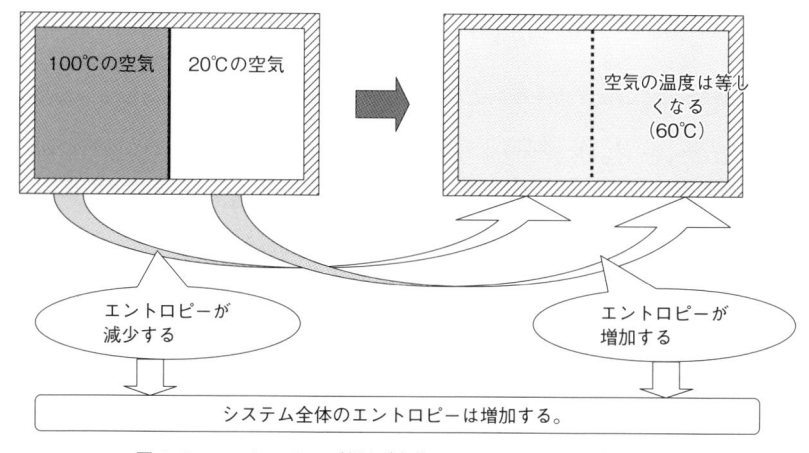

図2-9　エントロピーの検討（全体ではエントロピーは増大する）

ない）のとおりである。これより、熱力学の第二法則を言い換えると、「不可逆過程では、常にエントロピーが増大する。」ということができるし、「世の中の熱の流れは、エントロピーを増大させる方向に変化している。」ともいうことができる。すなわち、「自然現象は、常にエントロピーが増大する方向に変化している。」熱現象を微視的にみると、熱は分子の振動エネルギーであった。熱の移動は、分子の振動が無秩序な方向に変化していくことを意味する。エントロピーとは、乱雑さ、無秩序さの度合いであり、自然現象は、常に乱雑、無秩序な方向に変化している。

補足　温度 T_0 から T_1 まで温度が変化した場合のエントロピー変化 ΔS の式

エントロピーは、受け取った熱量をシステムの絶対温度で割った商であるが、熱量を受け取っている間にシステムの温度が変化してしまうので、普通は単純な割り算では求められない。そこで微分式を考える。

エントロピーの微小増加量 dS ＝ 受け取った微小熱量 dQ ／ システムの温度 T

空気の温度が T であるとする。これを温度 T + dT になるまで下げた場合、取り出すことができる熱量 dQ は、

物体の定圧比熱を C_P（単位 J/kg・K）とすると、

$$dQ = mC_P((T + dT) - T) = mC_P dT$$

そして、温度 T_0 から T_1 まで空気の温度が変化した場合のエントロピー変化は、

$$\Delta S = \int_{T_0}^{T_1} \frac{dQ}{T} = \int_{T_0}^{T_1} \frac{mC_P}{T} dT$$
$$= mC_P \times \ln\left(\frac{T_1}{T_0}\right)$$

となる。

次に、エントロピーとエクセルギーの関係を考えてみる。エントロピーとエクセルギーは、次の式で表すことができる（式の詳細は補足を参照）。

エクセルギー ＝ 高温から低温に移動する熱量 － 無効エネルギー
　　　　　　＝ 高温から低温に移動する熱量 － 温度×エントロピーの増減

この式を言い換えると、熱エネルギーから、エクセルギー（＝仕事、動力）を取り出すと、無効エネルギーが発生し、無効エネルギーに比例した分だけエントロピーが増加するとなる（図2-10）。

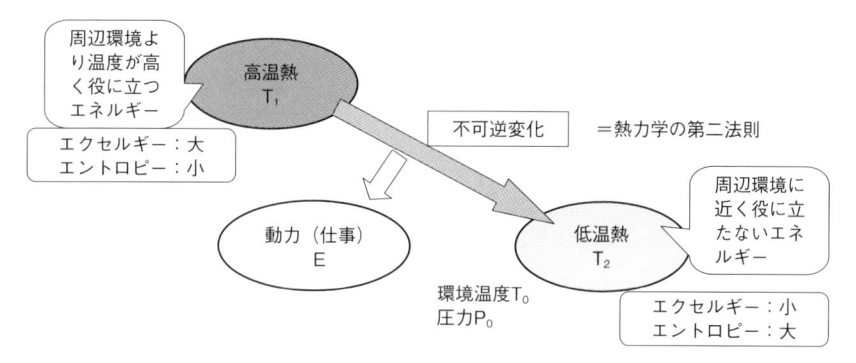

第2章　エネルギーの視点でみる文明　37

```
┌─────────────────┐
│周辺環境より      │     ┌──────┐
│温度が高く役に立つ│────▶│高温熱 │
│エネルギー        │     │ T₁   │──┐
└─────────────────┘     └──────┘  │    ┌──────────┐
┌─────────────────┐         │     │    │不可逆変化│ ＝熱力学の第二法則
│エクセルギー：大  │         │     │    └──────────┘
│エントロピー：小  │         │     │
└─────────────────┘         ▼     ▼                    ┌─────────────────┐
                      ┌──────┐ ┌──────┐               │周辺環境に近く   │
                      │動力  │ │低温熱│◀──────────────│役に立たない     │
                      │(仕事)│ │ T₂   │               │エネルギー       │
                      │  E   │ └──────┘               └─────────────────┘
                      └──────┘                         ┌─────────────────┐
                              環境温度T₀                │エクセルギー：小 │
                              圧力P₀                   │エントロピー：大 │
                                                       └─────────────────┘
```

図2-10　エクセルギーとエントロピーの関係

補足　エントロピーとエクセルギーの関係式の導出

・高温熱源から低温熱源に移動する熱量のうち、取り出すことができる最大の仕事Eは、高温熱源温度 T_1、低温熱源温度 T_2 とすると

$$E = \int_{T_1}^{T_2} mC_P \times \left(1 - \frac{T_2}{T}\right) dT$$

$$= mC_P \left\{(T_2 - T_1) - T_2 \cdot \ln\left(\frac{T_2}{T_1}\right)\right\} \quad (1)$$

$$= (とりだせる熱量) - (無効エネルギー) = (エクセルギー)$$

・温度 T_1 から T_2 までシステムの温度が変化した場合のエントロピーの変化は、

$$\Delta S = mC_P \times \ln\left(\frac{T_2}{T_1}\right) \quad (2)$$

・式(1)の無効エネルギーの項に、(2)式を代入すると、無効エネルギーは以下のように書くことができる。

・無効エネルギー $= mC_P T_2 \cdot \ln\left(\frac{T_2}{T_1}\right)$

$$= T_2 \cdot \Delta S = \boxed{温度 \times エントロピーの増減}$$

※無効エネルギーは、エントロピーの増減に温度をかけたものになる。すなわち、熱エネルギーから、エクセルギー（＝仕事、動力）を取り出すと、無効エネルギーが発生し、無効エネルギーに比例した分だけエントロピーが増加する。

　図2-11に熱機関におけるエクセルギーとエントロピーの関係を図にまとめたものを示す。中央の「熱機関」を動かすためには、高温熱源と低温熱源が必要である。ここから、エクセルギーを取り出すことができる。すべての高温の熱エネ

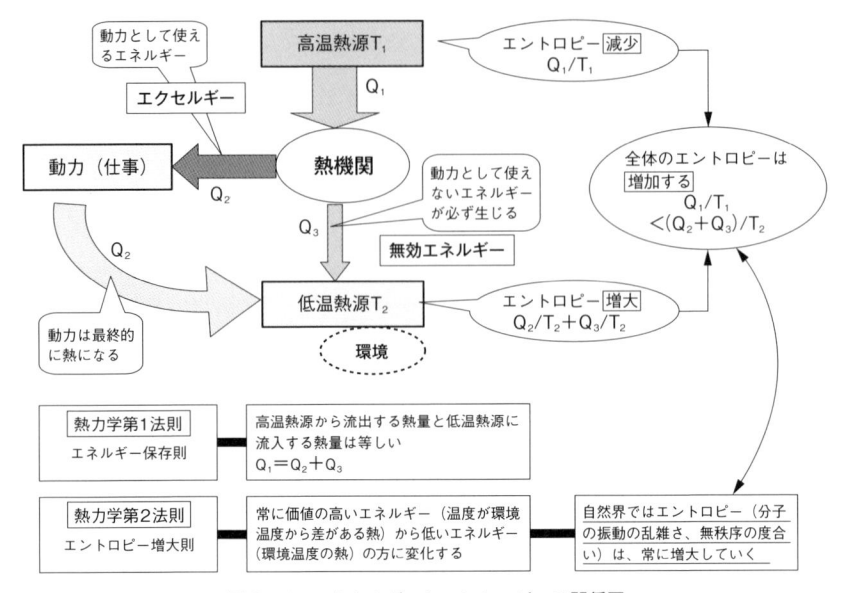

図2-11 エクセルギーとエントロピーの関係図

ルギーがエクセルギーに変換させるわけではなく、必ず無効なエネルギーが生じて低温熱源に捨てられる。取り出した動力は、最終的には摩擦熱などになり大気（低温熱源）に捨てられる。エントロピーの視点でみると、高温の熱源はエントロピーが低い状態であり、低温の熱源はエントロピーが高い状態である。エンジンを動かすほど、エントロピーは増大していく。このエントロピーという用語は、1980年代にジェレミー・リフキンが『エントロピーの法則—21世紀文明観の基礎』[1]を出版し、一般の人にも知られるようになった用語である。

エクセルギーとエントロピーの関係をまとめると、低密度で低温度になったエネルギーは利用価値が低いエネルギー（エクセルギーが低いエネルギー）であり、エントロピーが高い状態である。逆に高密度で高温度のエネルギーは利用価値が高いエネルギー（エクセルギーが高いエネルギー）であり、エントロピーは低い状態である。自然界では熱は高温から低温に流れ、その逆は自然には起こらないように、エントロピーも常に低い状態（秩序がある状態）から高い状態（乱雑な状態）に移り変わっていく。

ジェレミー・リフキンの『エントロピーの法則』などで語られるように、文

明史観の中でもエントロピーという用語がよく用いられている。この場合、エントロピーという用語を熱エネルギーに限らず物質循環や社会秩序まで概念を広げて語られていることが多く、一般に次のように考えられている。文明社会を秩序だって維持するためには常に外部から質の高いエネルギーを取り入れ、外部に低質のエネルギーを捨てていかなければならない。この過程で、社会を秩序だった状態に保つということは、社会のエントロピーが低い状態に保つということであり、このためには外部の質の高いエネルギーを消費し続けなければならない。エネルギーを消費することは、文明社会をとりまく周辺まで含めて考えると、必ずエントロピーは増大してくこととなる。この外部から取り入れる高質のエネルギー源として人類はその多くを化石燃料に頼っており、現在の文明の寿命は化石燃料の賦存量で決まってしまう。太陽エネルギーなど永続的につづく（太陽はあと45億年ほど燃え尽きない）エネルギー源で駆動する文明に早急にシフトしないと、文明の存続が困難であるという主張である。図2-12に文明のエクセルギー・エントロピーの関係図を示す。中央が「熱機関」から「文明」に変わっただけで、図2-11の熱機関の図をまったく同じ構成で表すことができる。一方で生物や生態系は、太陽エネルギーを駆動源とすることで、生物誕生以来38億年続いている。

　古代文明は、低エントロピーの木材（薪）を消費することで文明の秩序を得てきたが、森林の衰退とともに、文明の衰退を迎えていった。化石燃料を基盤とし

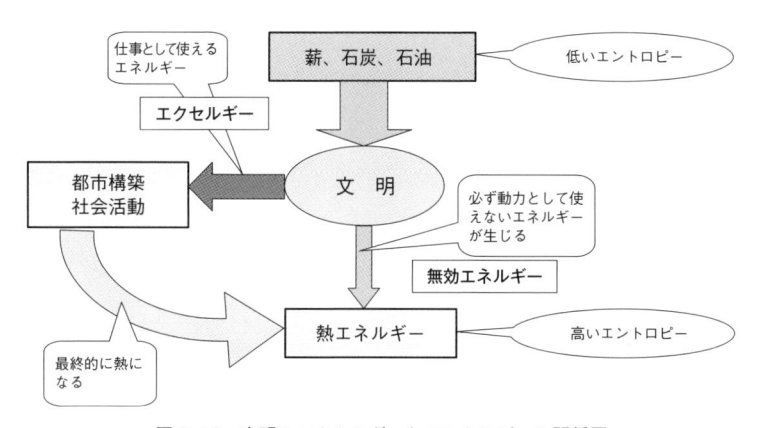

図2-12　文明のエクセルギーとエントロピーの関係図

た産業文明は、低エントロピーの化石燃料の枯渇とともに衰退していくと考えられ、早晩に他の持続的なエネルギー源を基盤とする文明にシフトしていくことが必然であると考えられる。持続的なエネルギー源は、人工太陽（核融合炉）とも考えるが、太陽エネルギーそのものが最も有力であると考えられる。

補足　システム的思考（社会や環境をシステム的に考える方法）

「人間や社会の活動」と、それを取り巻く「環境」を区分して考え、資源、エネルギー、廃棄物、排熱の出入りから環境問題を考えていく方法を、システム的思考法という。

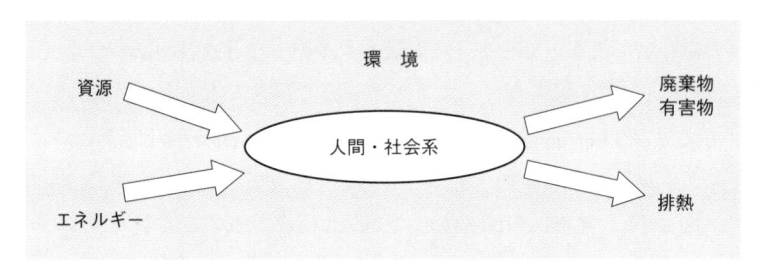

```
                    環　境
  資源 ↘                              ↗ 廃棄物
                                        有害物
        （  人間・社会系  ）
  エネルギー ↗                       ↘ 排熱
```

あるシステムを考えた場合、いずれのシステムも以下の3種類に分類することができる。
　孤立系：物質、エネルギーの出入りがない系
　閉鎖系：エネルギーの出入りだけあり、物質の入出がない系＝地球
　開放系：物質、エネルギーの出入りがある系＝生態系、人間社会等
本書では、「ある系（システム）に入出力するエネルギー・物質」という切り口で世界を見ていく。

補足　カルノーサイクルでみるエクセルギーとエントロピー

　最も理想的な熱機関（＝カルノーサイクル）では、熱効率はいくつになるのだろうか（どれくらいの動力を取り出すことができるのだろうか）。

　まず、熱から仕事（動力）を取り出すためには、以下の過程が必要である。

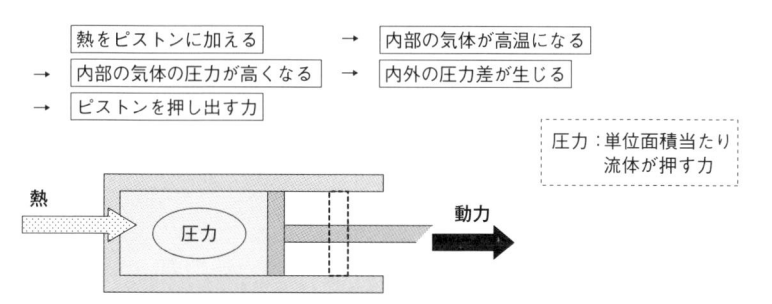

熱をピストンに加える　→　内部の気体が高温になる
→　内部の気体の圧力が高くなる　→　内外の圧力差が生じる
→　ピストンを押し出す力

圧力：単位面積当たり流体が押す力

　ここで動力を式で表すと、

動力（仕事）＝力×距離
　　　　　　＝圧力×ピストン面積×距離
　　　　　　＝圧力×体積（の増加）

となる。これを、横軸が体積 V、縦軸が圧力 P のグラフで示すと、動力の大きさは、グラフの面積に相当する。

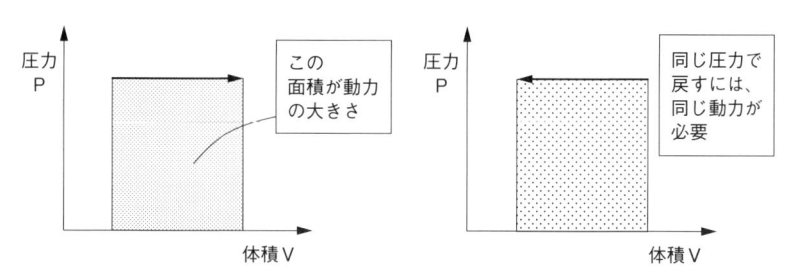

（左グラフ）この面積が動力の大きさ
（右グラフ）同じ圧力で戻すには、同じ動力が必要

　このとき、ピストンから連続的に動力（仕事）を取り出すためには、ピストンを元の位置に押しもどす必要がある。元の位置に押し戻すのにも動力（仕事）が必要である。しかし同じ圧力で、同じ体積だけ押し戻す場合は、取り出した動力（仕事）と同じだけの動力（仕事）が必要である。

　これでは外部に動力（仕事）を取り出すことができない。このため、ピストンから連続的に仕事を取り出すためには、ピストンを戻すときに、押し出すときよりも低い圧力で押し戻す必要がある。

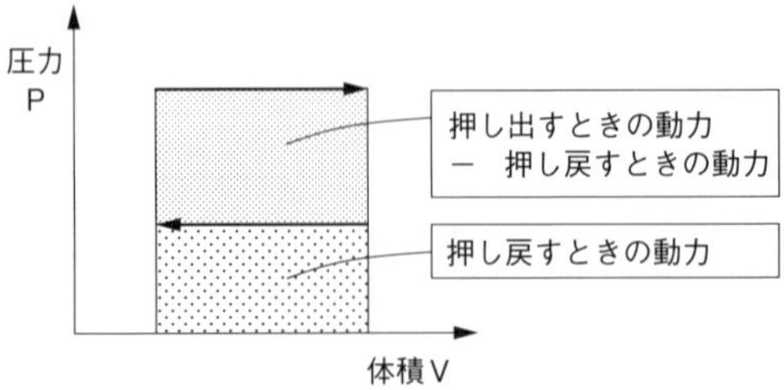
圧力
P
押し出すときの動力
ー　押し戻すときの動力
押し戻すときの動力
体積V

図のように、押し戻す際に、押し出すときよりも小さい圧力で戻せば、押し戻すときの動力が、押し出すときより小さくなり、その差が、外部に取り出すことができる動力（仕事）になる。

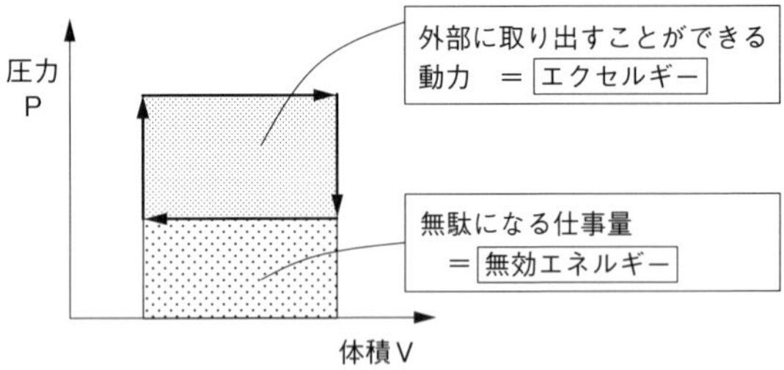
圧力
P
外部に取り出すことができる
動力　＝エクセルギー
無駄になる仕事量
＝無効エネルギー
体積V

高圧での押し出し、圧力低下、低圧での押し戻し、圧力上昇を繰り返すことで連続的に動力を外部に取り出すことができる。

しかし、実際の気体においては、上図のように四角形となるような状態の変化を起こすことは難しく、気体は圧力Ｐと体積Ｖと温度Ｔの関係が以下に示すボイルシャルルの法則に従う。すなわち、温度が一定の場合は、圧力が高くなると体積が下がり、圧力が低くなると体積が高くなる。

圧力Ｐ×体積Ｖ＝モル数ｎ×気体定数Ｒ×絶対温度Ｔ

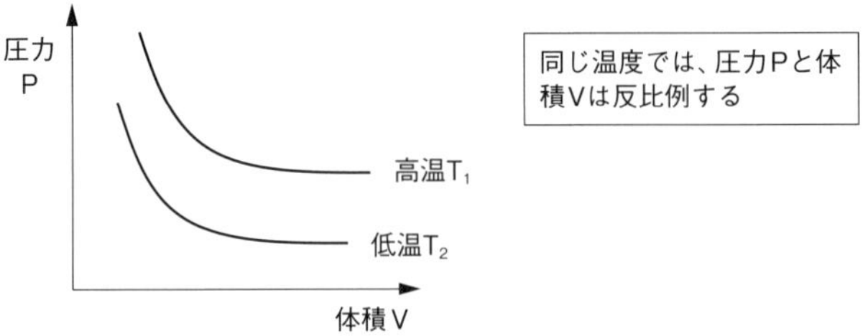
圧力
P
同じ温度では、圧力Pと体積Vは反比例する
高温T1
低温T2
体積V

高温熱源 T_1 と低温熱源 T_2 から、仕事（動力）を取り出すためには、以下のようなサイクルを作ってやれば、矢印で囲まれた部分の面積に相当する仕事を取り出すことができる。

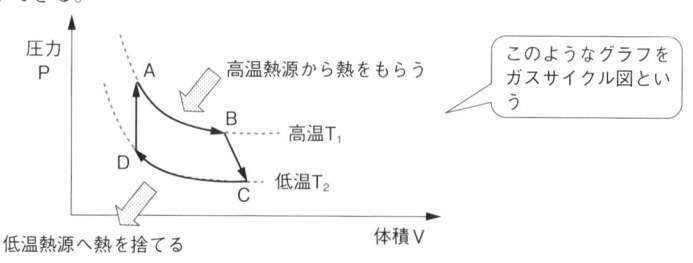

このようなグラフをガスサイクル図という

このとき、熱サイクルの損失を少なくするためには、B→C過程、D→A過程のエネルギー損失を少なくしないといけない。そのためには、<u>断熱圧縮（膨張）</u>させると、外部との熱の入出がないため損失がない。

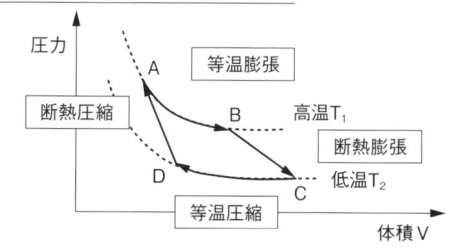

- カルノーサイクル：等温変化と断熱変化を組み合わせた熱サイクルであり、最も効率のよい理想的な熱機関

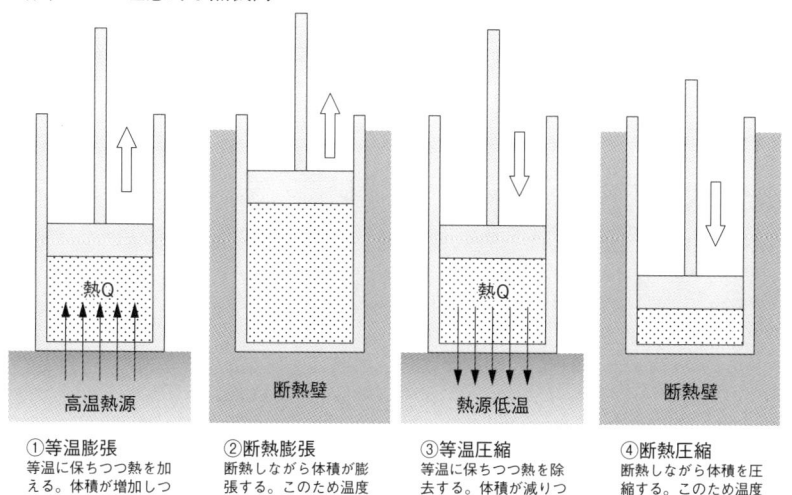

①等温膨張
等温に保ちつつ熱を加える。体積が増加しつつ圧力が減る。

②断熱膨張
断熱しながら体積が膨張する。このため温度が低下する。

③等温圧縮
等温に保ちつつ熱を除去する。体積が減りつつ圧力が増加する。

④断熱圧縮
断熱しながら体積を圧縮する。このため温度が上昇する。

カルノーサイクルの熱効率は、カルノーサイクルに供給される熱のうち、機械的動力に変換であるエネルギーの比率であり、これ以上効率の高い熱機関は存在しない。

$$\text{カルノー効率} = 1 - \frac{T_2(\text{低温熱源温度})}{T_1(\text{高温熱源温度})}$$

> 1よりも必ず小さくなる。

※最も理想的な熱機関でも、必ず無効なエネルギーが発生する。

カルノーサイクルのエクセルギーを求めると以下のようになる。

高温熱源から低温熱源に移動する熱量のうち、Eが、高温熱源温度 T_1 と低温熱源温度 T_2 の間から取り出すことができる最大の仕事である。

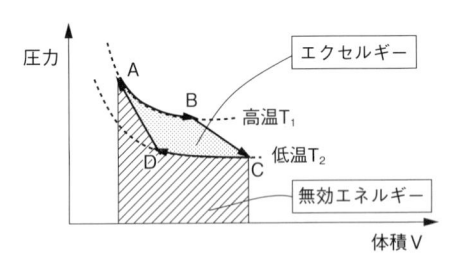

$$E = \int_{T_1}^{T_2} mC_P \times \left(1 - \frac{T_2}{T}\right) dT$$
$$= mC_P \left\{(T_2 - T_1) - T_2 \cdot \ln\left(\frac{T_2}{T_1}\right)\right\}$$
$$= (とりだせる熱量) - (無効エネルギー) = (エクセルギー)$$

「熱エネルギー」から「動力エネルギー」を取り出す場合、どうしても動力に変換できない無駄なエネルギーが生じる。動力として有効に取り出すことができるエネルギーを「エクセルギー」と呼ぶ。

カルノーサイクルのエントロピー

「エントロピー」は、エネルギーの乱雑さ、無秩序さを表す状態量である。

$$\text{エントロピー } S = \frac{Q(\text{移動した熱量})}{T(\text{絶対温度})}$$

カルノーサイクルのピストン内部のエントロピー変化をみると以下のようになる。
A→B→C→Dのサイクルでエントロピーは元の状態にもどる。

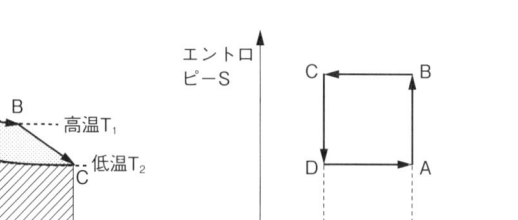

第 2 章　エネルギーの視点でみる文明　45

カルノーサイクルが回っても、エントロピーは増加しない。これは、「エントロピー増大の法則」に反するように見える。
　※エントロピー増大の法則：「世の中のエントロピーは常に増大する方向に変化している。」別の言い方をすると「不可逆過程のエントロピーは常に増大する（可逆過程のエントロピーの変化は 0 である）」。
　しかし、カルノーサイクルは理論上のもので、等温変化、断熱変化を可逆過程と仮定しているため、サイクルの中（ピストンの中）ではエントロピーが増加しない。実際にカルノーサイクルを実現して、等温のまま気体を膨張させるためには、無限にゆっくりピストンを動かさないと実現できない。このため、カルノーサイクルは仮想的なサイクルである。
　実際の熱機関は、高速でサイクルをまわすので、温度の変動、熱の漏洩があり、不可逆過程になる。ピストンの外の環境まで含めて考えると、高温の熱エネルギーが消費され、低温熱エネルギーになっているので、エントロピーは増大している。

3. エネルギー資源問題とは無縁の自然界のシステム

　生態系は非常に莫大な量の生命体を生み出し、38 億年にわたって永続的に維持されてきている。その活動を支えているエネルギーは太陽エネルギーであり、生態系や生物の世界はエネルギー資源問題とは無縁の世界である。この節では、地球、生態系、生物などをエクセルギーやエントロピーの視点でみていく。
　最初に地球を熱機関としてみることができないかと考えてみる。これから紹介する地球や気象循環を熱機関として考えるアイデアは槌田敦氏の『熱学外論—生命・環境を含む開放系の熱理論』[6]を見習ったものである。熱力学の第二法則にしたがって考えると、宇宙空間では高温の熱が低温の空間に拡散して、いずれは同じ温度になって変化が止まる。この法則に従うと、遠い将来には宇宙全体が

最終的にはいたるところで同じ温度になって、エントロピーが最大の状態（最も無秩序な状態）にいたるということになる。19世紀の英国の科学者トムソンはこの最終状態を「熱死」と表現した。図2-3で示したように、ものを動かす力学エネルギーを取り出すためには、高温と低温の熱源が必要であるが、まったく温度差がない宇宙では一切動力を取り出すことができないことを意味する。まさに「死」の世界である。

一方で、地球上には、赤道付近に熱帯地帯があり、北極・南極部分に寒冷地帯があるように、温度分布が偏在している。熱力学の第二法則にしたがうと、いずれは地球上の温度はどこでも一定になってしまうと考えてよいのだろうか。しかし、地球が誕生しておよそ46億年が経過しており、地球上の気候は、氷河期や温暖期などの変動があったものの、すべてが一様の温度状態にはなっていない。地球上の温度分布が高温と低温地帯に分けられて維持されているのはなぜだろうか（図2-13）。

熱力学の第二法則より、外部から新たなエネルギーを与えないかぎり、熱は高温から低温に移動してしまい、その逆は自然には起こらない。すなわち、何もしないで高温と低温の状態を維持し続けることはできない。しかし、外から新たなエネルギーを投入すれば、熱を移動することや、高温部分と低温部分を保った状態を維持することが可能となる。地球上においても極地から赤道にかけての温度分布を保つために使われているエネルギー源は、太陽エネルギーである。地球の外から太陽エネルギーが常に供給され、高緯度地帯より、低緯度地帯により多くの太陽エネルギーが供給され続けているために、赤道付近の温度が高く、極地付近の気温が低い状態が維持されている。一般的なイメージとしては、南国ほど人々がのんびりと暮らしているという印象があるが、これは南国ほど太陽エネル

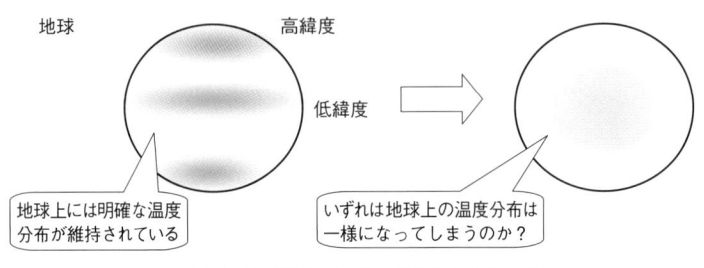

図2-13　地球はなぜ一様の温度にならないか？

ギーが豊富であり、それによる植物などの自然の豊富な生産性に支えられているため、のんびりしても暮らしていけるためではないかと考えられる。

次に地球の気象現象（空気の移動、水の移動）を引きおこす運動エネルギーの源を考えてみる。地球上はたえず空気の移動（すなわち風）が起こって大気の循環が発生している。我々は生まれながらに大気の中で生活しているため、空気の重さを感じないように体ができているが、空気も物質である以上質量がある。1m四方の立法体に詰まった空気の質量は約 1.2kg/m^3 である。当然質量があるということは、空気を動かして風を起こすためには空気に運動エネルギーを与えてやる必要がある。そして地球全体の大気を動かすためには膨大なエネルギーが必要である。台風の暴風雨を思い浮かべれば、台風は巨大な空気の運動エネルギーの塊であることがわかる。気象現象は風だけではなく、多くの水分を海上から陸地へと運び、雨を降らせる。水も質量（1m四方の水はおよそ 1000kg/m^3）があり、遠くに運ぶにはエネルギーが必要である。また海流の循環も同様であり、海水を大規模に移動するためには莫大なエネルギーが必要となる。

このような地上の気象現象（空気の移動、雲や雨水の移動）を引きおこすエネルギーは太陽エネルギーより供給された大気中の熱エネルギーである。温室効果ガスにより、大気中に滞留する熱エネルギーが増加すると、単に大気の温度を上昇させるだけではなく、あるレベルを超えると大気の循環や海流の循環にも大きな変化を及ぼすと考えられている。地球温暖化問題というよりは気候変動問題というほうが正解である。地球温暖化問題に対応するための国際条約の名称が「気候変動枠組条約」というのも納得いただけると思う。

熱機関（エンジン）が高温の熱エネルギーから動力エネルギーを取り出す機械であるのと同様に、地球全体を一つのまとまりとして考えると、地球は宇宙空間から太陽エネルギーを受け取って、空気や水に運動エネルギー（＝気象現象）を与える「熱機関（エンジン）」とみなすことができる。

図2-14に熱機関のエントロピー・エクセルギーの関係図と同じ形で、地球を熱機関にたとえたときの図を示す。文明の図と同様に図の形は熱機関とまったく同じに書くことができる。地球表面で、空気や水に運動（仕事）を与えて気象現象を引き起こし、生命活動を維持させるための動力を確保できるのは、宇宙空間

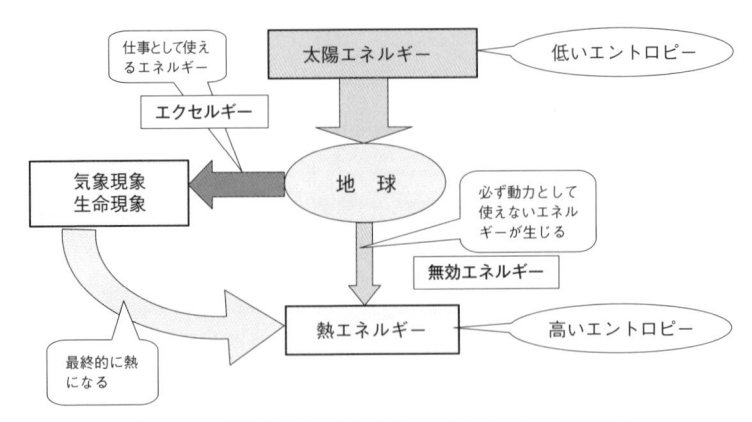

図 2-14　地球全体のエクセルギー・エントロピーの関係図

からエクセルギーの高い太陽エネルギーを受け取り、質の低い熱エネルギーとして宇宙空間に捨てているからである。地球は、太陽からエネルギーが届いている間は、「熱死」にならない。

　さらに地球の大気の流れについて、もう少し細かい視点でみてくと、大気は地表付近の風と上空の風の循環である。図2-15のように地表付近の風は、低気圧の部分で上空に流れ、上空では地表と逆の風が流れ、高気圧の部分で下降気流となって地表に戻ってくる。このとき地表面の風は、地面から空気が熱を受け取って、断熱膨張して上空で低温になり、上空で宇宙空間に熱を放出して、断熱圧縮され地上に戻ってくるという熱サイクルを構成している。熱サイクルから取り出された動力エネルギーは、風や雲の移動につかわれる。図2-16に熱機関のエン

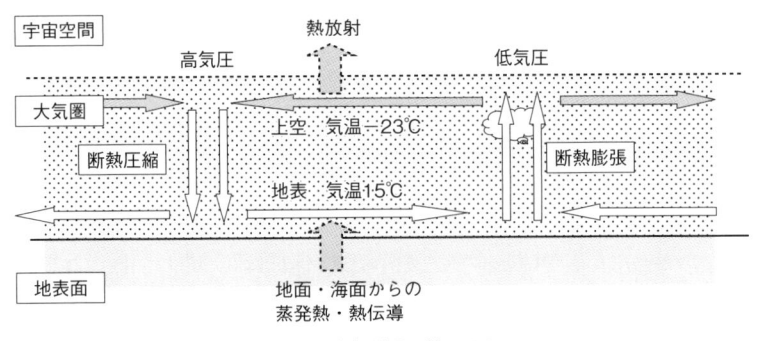

図 2-15　大気循環の熱サイクル

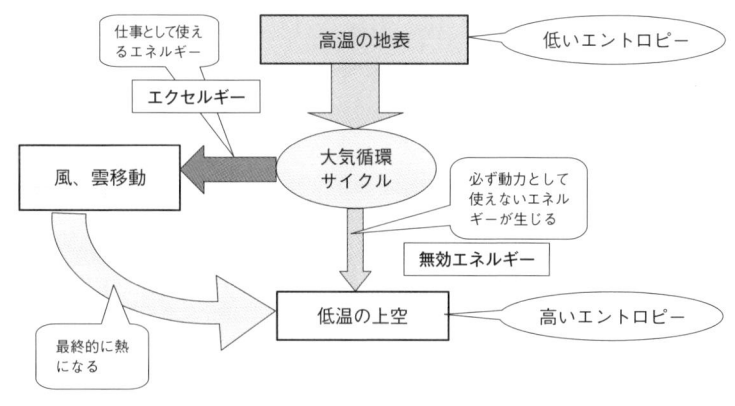

図2-16 大気循環のエクセルギー・エントロピーの関係図

トロピー・エクセルギー関係図と同じ形で、「大気循環サイクル」を熱機関にたとえたときの図を示す。図の形は熱機関とまったく同じに書くことができる。

次に生命についてのエクセルギーとエントロピーを考えていく。生命体はきわめて秩序立った精密なシステムであり、自然現象として生まれてきたものである。長年の進化により、単純な単細胞生物から多細胞で大型の生物をも生み出してきている。「すべてが無秩序に向かう」という熱力学第二法則（エントロピー増大の法則）に反して、なぜ生物だけが高度で複雑なシステムとなっているのだろうか。生物だけは、エントロピーの減少（＝秩序の増加）を引きおこす、自然界の中で特殊な存在であるのだろうか。

この問題を最初に世に問うたのが、オーストリアの物理学者シュレディンガー（1887-1961）である。彼は、「物理学は生命現象をどのように理解できるか？」と考えて、生物が生きている状態を、エントロピーで説明しようとした。そして「生物が生きているための唯一の方法は、周囲から『負のエントロピー（ネゲントロピー：negentropy）』を絶えず取り入れていることによるためであり、生命体というものは非常に特殊な存在である。」と主張し「負のエントロピー」という概念を考えた。「すべてが無秩序に向かう」＝「熱死」へと向かう世の中であるという事実は、19世紀終わりから20世紀初頭の物理学者、知識人に絶望感を与え、生命体だけは、例外であってほしいという願望から、「負のエントロピー」という概念は、広く受け入れられた。

しかし、エントロピーの定義（Q（熱量）／T（絶対温度））からいってもエントロピーが負の状態という表現はおかしく、シュディンガーの「負のエントロピー」説は、その後物理学者の間で間違いとされた。生命系をエントロピーという概念でみるとどうなるのだろうか。それを考える前に、生物が生きている状態をエネルギー的にみてみる。動物が生きている状態と、死んでいる状態は何が違うのだろうか。動物はたえず、食料や水、酸素を取り込んで、排気、排泄、排熱をしているように、絶えず物質とエネルギーの流入と流出が行われている。この物質とエネルギーの流れが止まってしまった状態が「死んでしまっている状態」だと考えられる。動物のエネルギー代謝の基礎は図2-17のようになっている。

動物は食物からブドウ糖を体内に取り込んで、生化学反応（トリカルボン酸回路）によりATP（アデノシン三リン酸）というエネルギーを生み出して、それにより筋肉や内臓の細胞を動かし（力学的エネルギーを発生させ）、余分なエネルギーを排熱として放出している。生物も地球や気象システムと同じように熱機関とみなすことができる。図2-18には、動物のエクセルギー・エントロピー関係図を示す。動物などの生命系の内部は秩序が高くなり、エントロピーが減少しているように見えるが、それを取り巻く環境まで考えると、やはりエントロピーは増大している。動物が秩序立った形態・システムを保持できているのは、ブドウ糖などの質の高いエネルギー源を食物として絶えず補給しているからである。動物の体の秩序を保つために、多くの化学エネルギーを消費し、外部に低質な熱

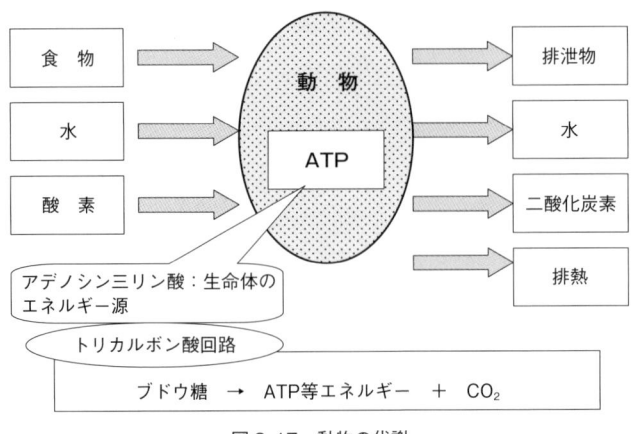

図2-17 動物の代謝

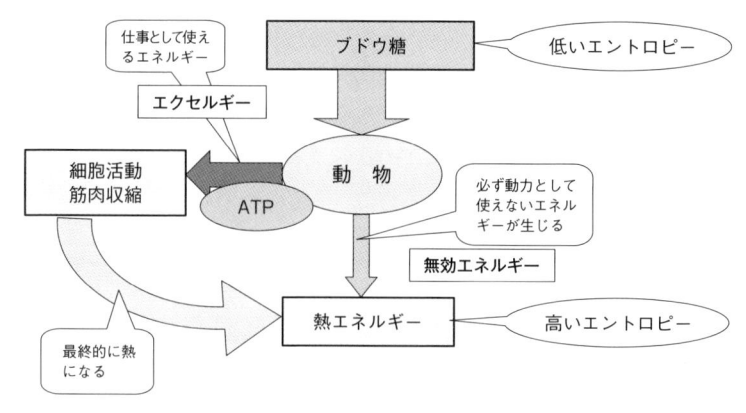

図2-18 動物のエクセルギー・エントロピー過程図

エネルギーを廃棄することで、周囲の環境のエントロピーを増大させている。このように生命現象はエントロピーを減少させる特殊な存在ではないということができる。

それでは、動かない植物も熱機関としてとらえることができるのだろうか。植物は光合成を行っており、植物の中の葉緑体が太陽の光（エネルギー）を使って、水と二酸化炭素から、でんぷん（炭水化物：炭素C、水素Hの化合物）などの栄養分と酸素を作っている（図2-19）。

植物は運動をしないので、運動エネルギーを生み出す必要はないが、光合成という生化学反応により、でんぷんなどのエネルギー源となる物質を製造し蓄積し

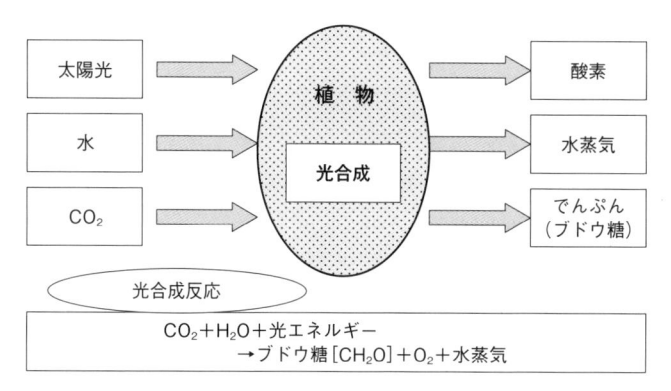

図2-19 植物の光合成過程

光合成反応: $CO_2 + H_2O +$ 光エネルギー $\rightarrow$ ブドウ糖 $[CH_2O] + O_2 +$ 水蒸気

ている。植物は、光エネルギーからでんぷんを製造するという熱化学反応を引き起こす装置とも言え、広くとらえれば熱機関と考えることができる。排熱は、蒸気のかたちで葉の気孔から放出されている。植物が秩序立った形態・システムを保持できているのは、太陽光などの質の高いエネルギーが絶えず供給されているからである。植物の体の秩序を保つために、多くのエネルギーを消費し、植物をとりまく環境のエントロピーを増大させている。植物のエクセルギー・エントロピー過程の図も動物のものと同じように書くことができる（図2-20）。

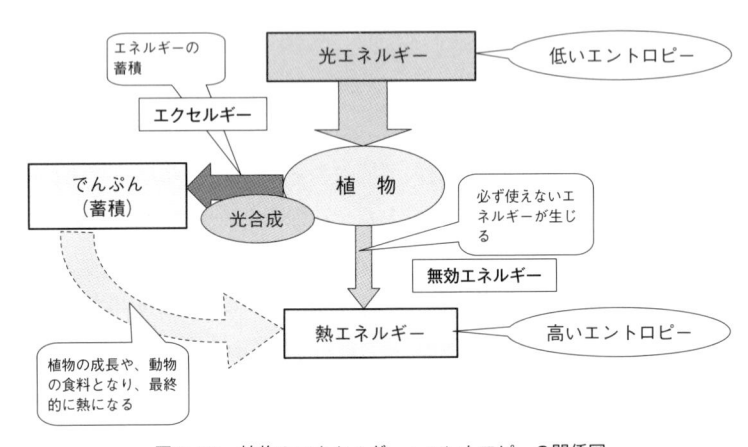

図 2-20　植物のエクセルギー・エントロピーの関係図

4. 農耕文明のエクセルギー・エントロピー過程

　前節では地球系、気象系や生物系のエクセルギーとエントロピーの関係を見てきたが、それらのシステムは階層構造になっている。地球系の中で気象現象が起き、気象現象の中で、動物と植物のエクセルギー・エントロピー関係図が成立している。これを図に示すと図2-21のようになる。今までに見てきたエクセルギー・エントロピー関係図がそれぞれつながっていることがわかると思う。生態系は、宇宙からの太陽エネルギーという質の高いエネルギーによって支えられ、低質な熱エネルギーを宇宙空間に捨てている。このため地上の大気圏内・生態系は、エントロピーが増大して「熱死」という状態になることが避けられている。

　それでは次に、この生態系のエネルギー・エントロピー関係図に対比させなが

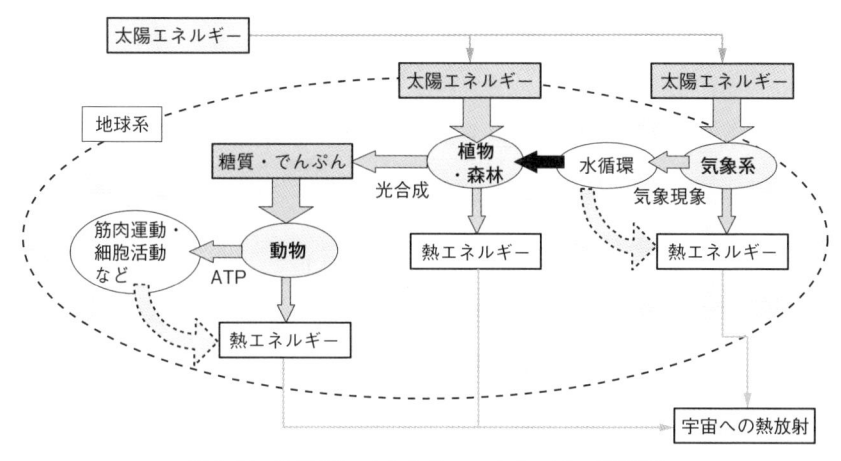

図 2-21　生態系のエクセルギー・エントロピーの関係図

ら、文明のエクセルギー・エントロピー関係図をみていくこととする。

石器時代のエネルギーと物質の循環は、ほぼ生態系のエネルギーの循環に等しいと考えられる。当時の人間も多少の道具や火を使うとはいえ、大きな循環の中では自然界の中での動植物の食物連鎖の一部であった。人類は、森の中の木の実などからブドウ糖を確保し、狩猟などによる動物や魚からアミノ酸を得ていた。排泄物や死体も微生物による分解で植物の栄養素として循環していた。図 2-22 は、図 2-21 を少し変形したものである。人間の活動もほぼ、動物の活動の中に含まれていると考えられる。

しかし、人類の数が増加していくと生態系の循環の中だけではどうしても食糧が不足していくようになった。通常は森が供給できる食料の量により人口が調整されてきたと考えられる。人類が誕生してからの 180 万年のほとんどの期間は、おそらく森の食糧供給量に制約され、人口が増えることが抑制されてきた。しかし、ある時点で人口増加と、農業の技術の萌芽が重なる時がおとずれ、その時、農耕文明という新たな文明のステージに移行したと考えらえる。

次に農耕文明のエネルギー・エントロピー関係図をみていく。いくつかある古代文明の中からメソポタミア文明を例に考えてみる。メソポタミア文明は、今から 5500 年ほど前に最初に農業を行った文明といわれている。メソポタミア文明が存在したのは現在のイラク平原であり、今ではほとんどが砂漠の土地である

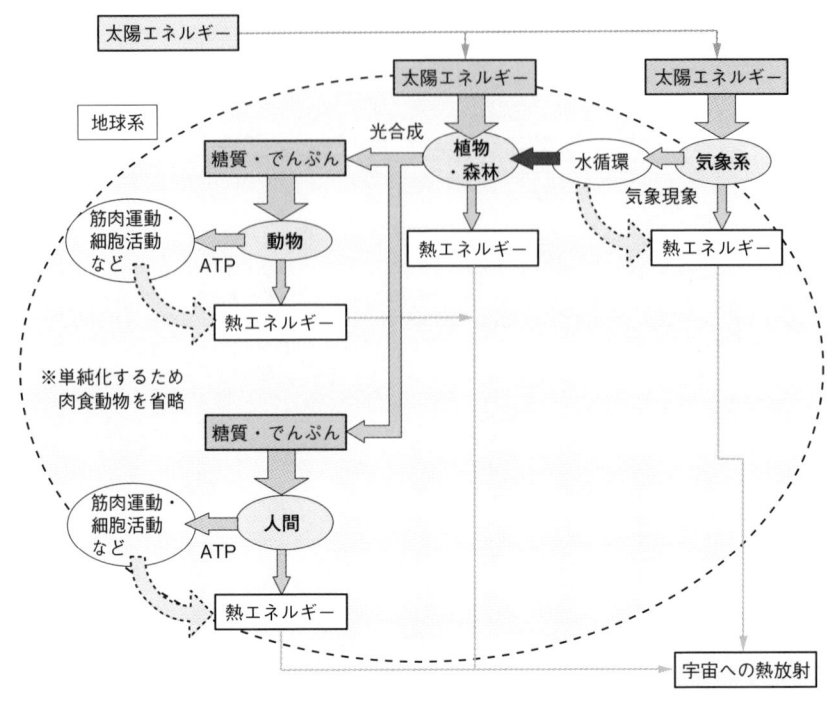

図2-22 石器時代のエクセルギー・エントロピー過程図

　が、8000年前から5000年前までは、レバノン杉の森林が存在していたといわれている。シュメール人がチグリス・ユーフラテス両河の河口付近に定住して、麦を栽培し始めた。麦は、運搬・貯蔵が可能な食品のため、生産に余剰が生じると富の蓄積が可能となる。これが石器時代からの大きな変化であり、これによりメソポタミアは強大な国家を築いていった。文明・都市国家の成立の始まりである。

　国家の形成とともに人口が増え、より多くの麦を育てるために、森を切り開き、湿地を埋め立て、灌漑をして農地を作ることにより、新しい文明の基盤が形成されていった。しかし食品としての麦は、人間にとって必要な必須アミノ酸を含むたんぱく質が不足している。このため、タンパク源として都市の周辺でブタやヤギなどの家畜が飼われた。麦を中心とした西洋の食事の場合、パンだけしか食べない生活を何日も続けた場合、栄養障害が生じてしまう。このためタンパク

質が豊富な豆類や、肉食などの動物性たんぱく質をとる食生活の習慣が自然に発展してきたと考えられる。一方、日本の場合、米を中心とする食生活であるが、米は麦よりも必須タンパク質を多く含むため、ご飯に加えて魚などの動物性タンパク質を加えれば栄養バランス的には不足がなかった。このため、日本では江戸時代までは家畜を飼うなどの必要性が生じなかったと考えられる。

　一方メソポタミアでは、家畜は森や草原で放牧して育てられたため、森林は加速度的に失われていった。森林が失われると、雨による土壌流出が激しくなり、土地の栄養分が急速に失われていく。こうなると、森林の生態系が貧弱になり、養分循環が減少し、さらに植生の減少を招き、土壌の貧弱化が進んでいく。一度、砂漠化が始まると、蒸発する水分が少なくなるため、大気循環の中の水循環が極端に少なくなり、雨の降らない気候地域となり、さらに砂漠化が進展していく。このような悪循環が続き、ついには今から2500年前にはメソポタミア文明は没落していってしまった（以上のメソポタミア文明の概要や没落の経緯は槌田

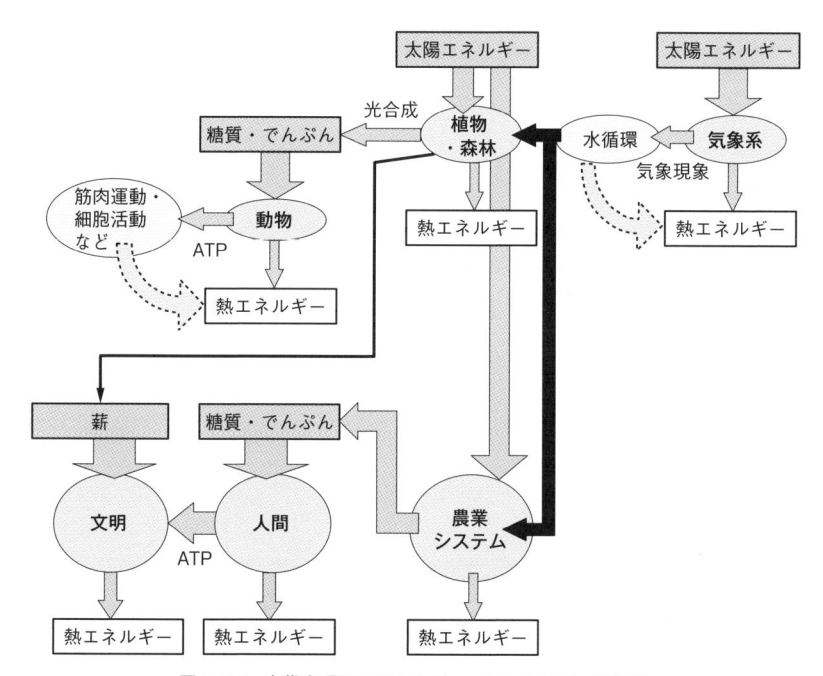

図2-23　古代文明のエクセルギー・エントロピー過程図

敦氏『熱学外論——生命・環境を含む開放系の熱理論』[6]を参考として記述した)。

図2-23は、農耕が始まって以降のエクセルギー関係図である。いままでの森林、植物、動物というエネルギーの流れの他に、農業、人間といった新たな流れがでてきていることがわかる。この農業や牧畜が森林を脅かす存在になると、全体のバランスが崩れて、文明を維持できなくなると考えられる。

5. 化石燃料文明のエクセルギー・エントロピー過程

次にエネルギー的視点で産業革命をみていくこととする。古代文明から中世の西欧文明までの間は、文明が発展するとそのエネルギー源である木材を消費し、森林の衰退とともに文明が衰退していくという文明の興隆・衰退が繰り返されてきた。18世紀のイギリスでも同じように燃料としての薪の消費により、森林が大きく衰退していった。本来ならイギリスも衰退していく文明・国家の一つとなるはずであったが、ここでエネルギーの使用に大きな革命がおこる。従来からも石炭が燃料になることは知られていたが、燃やすと大量の黒煙を出し、非常に使いづらいエネルギー源であった。しかし森林の衰退により、石炭を使用せざるを得ない状況となり、徐々に石炭の使用が広まっていった。

また当時は紡績機械の発明など、科学的知識が具体的な機械技術に転嫁され機械技術が醸成されていく状態となっていた。炭鉱の採掘に伴う排水処理の必要性から、ニューメコンが蒸気機関を発明し、ワットによる蒸気機関の改良を通じて、動力革命へとつながっていく。このような機械技術力の発展と石炭のエネルギー利用とがクロスすることで、大規模な動力を生み出すことが可能となる産業革命へとつながっていった。

そして蒸気機関の誕生により、人類は人力や家畜の力から、エンジンによる大きな力を得ることが可能となった。熱力学の原理に従えば、どのような種類のエンジンを稼働させる場合でも、必ず高温の熱源と、排熱を捨てる低温の熱源が必要となる。さらに高温の熱源の温度が高いほどエンジンの熱効率は理論的に高くなる。このため、石炭や石油など、燃やせば簡単に高温の熱を作り出せるエネルギー源は、人類に大きな動力を享受させる源となった。

産業革命以降の文明を「産業文明」とここでは呼ぶことにする。産業文明のエ

ネルギー・エントロピー関係図を図 2-24 に示す。農耕文明から大きく変わったところは、人類による生産活動の部分が飛躍的に巨大化したことである。化石燃料で稼働する動力機関の大量導入により、大量生産が可能な工業システムがつくられ、巨大な建造物を構築することが可能となり、高速で移動できる手段を手に入れることができた。またエンジンによる動力を使うことで、農地の開墾、農業の大規模化を進めることができより多くの人口を支えることが可能なった。このため産業革命以降に人口の爆発的な増加が起こっている。

この産業革命が始まった当初は石炭がエネルギー源の主役であった。しかしその後、石油精製技術の発展とともに、20世紀に入ると石油がエネルギー源の主役になった。同時に石油などの一次エネルギーから電気という二次エネルギーを生み出すことができるようになった。電気エネルギーは、エネルギーとしては扱いが容易で、確実性が高く、産業の高度化に貢献した。その後エネルギー源は、水力や原子力、天然ガスなども加わり多様化してきているが、現状でも石油が主

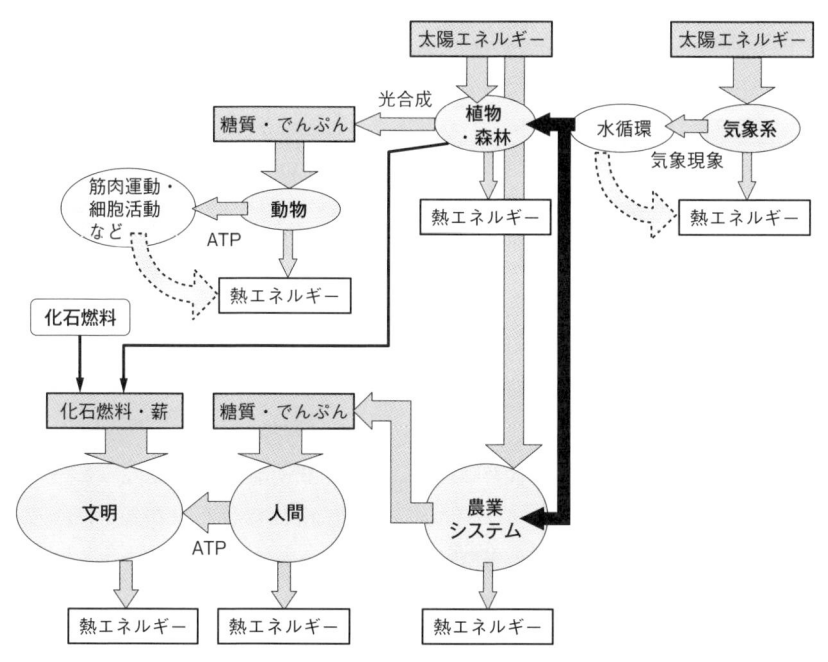

図 2-24　産業文明のエクセルギー・エントロピー関係図

役の時代となっている。

　このように非常に優れたエネルギー源として石油による「石油文明」が築かれてきたが、石油文明も多くのマイナス要因を抱えている。一つは、石炭、石油をはじめとした化石燃料は、今後数十年で枯渇することが予想されていることである。1970年代のオイルショックの頃から、石油はあと30年で枯渇すると言われ、原子力や自然エネルギー源の開発がさかんに行われてきたが、それから40年たった現在でも、石油の可採年数はあと40〜50年となっている。これはこの間に新たな油田の開発が行われてきたことによるものであるが、いずれは枯渇が現実の日になる可能性も高いと考えられる。

　ここで枯渇すると断言しなかったのは、石油がなぜ生まれてきているのかが実はまだわかっていないことによる。石油は古代の動植物の有機物が、地中で長い年月の間、熱と圧力により変性し、石油が生成されたという説が有力であった。しかしこれはあくまで仮説であり、石油がどのように生まれているのかがまだ明確になっていない。動植物の有機物を起源としないという学説もあり、石油はマントルに含まれる有機物と地殻活動により生まれてくる可能性もある。枯渇したはずの油田で、しばらくするとまた石油がでてきたという話もあり、この場合、石油の埋蔵量などは現状の見積よりも多くなることも考えられる。

　そして「石油文明」の欠点のもうひとつは、燃焼にともない大量の大気汚染物質や温室効果ガスを排出することである。近年は排ガス浄化装置の普及により、目に見えての大気汚染は少なくなったものの、NOx（窒素酸化物）やPM2.5（直径2.5ミクロン以下の粒子状物質）に代表されるように目に見えない大気汚染はまだ完全には解決をしていない。さらに化石燃料からの二酸化炭素による地球温暖化の問題もあり、化石燃料からのシフトが求められている。

　一方で近年、石炭、石油に代わる新しいエネルギー源の主役としてシェールガスが話題となってきている。シェールガスは100mから数千mの地下にある頁岩（シェール）と呼ばれる固い岩盤層に含まれている天然ガスのことである。天然ガスは、都市ガスの主成分になるもので、家庭用のガスから火力発電所の燃料まで、多岐にわたってエネルギー源として用いられている。通常の天然ガスは、地下にパイプを通すと自然に噴出してくるものである。一方で、シェールガ

スは岩石中に取り込まれているため、従来からその存在は知られていたが取り出す技術が存在しなかった。しかしシェールに高圧力の水を送り込み割れ目をつくることでガスを取り出す技術がアメリカで確立された。現在アメリカでは急激にシェールガスの生産量が増えてきている。技術的に回収可能な量を示す「技術的回収可能量」が約188兆m^3と推定されており、これを2008年の世界の天然ガスの消費量3兆m^3で割ると62年となる。既存の天然ガスの可採年数60年を加えると約120年となり、天然ガスの安定供給が今後、100年から150年間継続できる可能性が高くなってきた。

このシェールガスの開発により、石炭から石油とシフトしてきた化石燃料の主役が、シェールガスを含む天然ガスに置き換わることが指摘されており、これにより世界の資源供給地図も塗り替えられる可能性がある。世界各地の紛争は、エネルギーの権益に深く関連していることが多く、シェールガスへのシフトは、地政学的にも大きな影響を与えるといわれている。また、安価な天然ガスが供給されることにより、世界的にもエネルギーコストの低価格化が進み、エネルギー密度が低く、不安定で初期コストが高い再生可能エネルギーが当分の間は衰退していく可能性も指摘されている。

しかし、シェールガスにも可採年数があるように、いずれは使い尽くしてしまうエネルギー源である。掘削技術の開発により100年分程度、天然ガスが多くとれるようになっただけである。今後も他の掘削技術の開発などでさらに可採年数が増える可能性もあるものの、500年、1000年という長さでの供給が不可能であることは明らかである。当面は石油や天然ガスなどの化石燃料が中心のエネルギー供給体制が続くと考えられるが、500年、1000年という時間的視点でみると化石燃料は一時的なエネルギー源であることは明らかである。

それでは、究極的な一次エネルギー源は何であろうか。地球に永続的に存在するエネルギー源は、太陽エネルギー、地熱、風力、水力などがあるが、もっとも量が多いのは太陽エネルギーである。風力も水力も元をたどれば太陽エネルギーである。太陽エネルギーがやはり最終的なエネルギー源であると考えられる。

太陽光発電を大規模に行うアイデアとして宇宙太陽光発電がある。宇宙太陽光発電は、地球を回る宇宙空間に太陽光発電衛星を多数打ち上げ、そこで発電した電力をマイクロ波で地上に送るという計画であり、1960年代に提唱され、現在

までも細々と研究が続けられている。しかし衛星の打ち上げコストなどの課題が大きく、実現は数十年先といわれている。ただ500年先の世界においては、宇宙エレベータの実現や、ナノマシンの自己組織化技術により、大規模な宇宙太陽光発電が実現し、地上でのエネルギー問題は解消している可能性もある。

さらに技術的な進歩により500年先には、地上での核融合炉が完成している可能性もある。これは小さな太陽を地上や地球に近い宇宙空間に持つものであり、人類の究極のエネルギー源は、内部で核融合反応を起こしている本物の「太陽」か、人類が作りだすことに成功した小型の「人工太陽」のいずれかであると考えられる。

6. 再生可能エネルギーによる持続可能文明の可能性

それでは、太陽エネルギーをはじめとする自然エネルギーのみで、現在の産業文明を支えることは可能なのであろうか。近年は、自然エネルギーではなく、「再生可能エネルギー」という呼び方が一般的になってきている。有限で枯渇の危険性を有する石油・石炭などの化石燃料や原子力と対比して、自然環境の中で繰り返し起こる現象から取り出すエネルギーの総称が再生可能エネルギーである。具体的には、太陽光や太陽熱、水力、風力、バイオマス、地熱、波力、温度差などを利用した自然エネルギーと、廃棄物の焼却熱利用・発電などのリサイクルエネルギーを指す。

近年 CO_2 排出量の削減や、震災に強い電源の確保などの観点から、太陽光発電等の自然エネルギーシステムの普及の重要性が謳われてきている。太陽光発電に関しては2020年で2,800万kW（原発およそ28基分）、2030年で5,300万kW（原発およそ53基分）導入という政府目標が掲げられている。5,300万kWというのは、およそ2、3軒に1軒の割合で住宅に太陽パネルが設置されているというイメージである。そしてこれを実現するために、太陽光発電システム導入時における自治体の補助金制度の拡充や、電力会社による余剰電力の買取単価の向上、全量買取制度が行われている。現在、全量買取制度により太陽光発電による電力は、1kWhあたり42円で電力会社が買い取ってくれることになっている。

通常、電力会社から買ってくる電力の平均単価は23円／kWh程度であり、通常購入する電力単価のほぼ倍の価格で買い取ってくれるという破格の制度である。これは太陽光発電の初期導入コストがまだ高く、10年程度で初期投資を回収するためには、42円／kWh程度で買い取る必要があったためである。この全量買取制度により、近年太陽光発電システム導入量が大幅に増加し、また大規模なソーラー発電所の建設も各所で進んできている。

　一方で太陽光発電システムが大規模に導入された場合、次のような問題が発生する。

①天候による大規模な発電出力の変動が生じる。太陽光発電は天候により発電量が大きく変動する。特に晴天時昼間は、家庭の電力需要が比較的低いため、家庭内で発電した電力を使いきれなくて余剰電力が大規模に発生する。逆に雨天時は発電量が低下し、不足電力を補うためのバックアップ電源が必要となる。

②晴天において、大規模な余剰電力が電力系統（電力の送配電網）に逆潮流（通常とは逆に住宅から送電線に電流が戻されること）されると電圧上昇の問題がおこる。

③天候による太陽光発電の発電出力の変動が電力系統に伝わることで、電力系統の周波数の不安定化が起こる。

　例えば2030年の太陽光発電の導入目標である5,300万kW規模の発電容量が実現した場合、現在の夏のピーク需要が約2億kWに対して、その4分の1規模の変動電源を電力系統は抱え込むことになる。特に、中間期（春期や秋期）の週末や祝日に晴天になると、昼間の商工業部門の電力需要が少ないため、大規模な太陽光発電の余剰電力が発生する可能性がある。電力会社側の発電所の出力調整だけで余剰分を吸収しきれなかった場合、家庭用太陽光発電から送配電線に流れる電力を強制的に解列することが迫られる可能性もある。まだ全体に占める自然エネルギーの比率が小さいため、現時点ではこのようなことは起こらないが、近い将来、太陽発電システムが住宅2〜3軒に1台ぐらいの割合で導入されると、現実的な問題になってくると考えらえる。このような電力の需給バランス解決のためには、蓄電池の大規模整備が考えられるが、まだ蓄電池も導入コストが

高く、さらに充放電時のエネルギー損失も大きい。現状の電力系統で受け入れることが可能な自然エネルギー源は1,000万kWとの報告もあり、政府の太陽光発電の導入目標達成のためには、このような太陽光発電の大規模普及に伴う諸課題を解決し、電力系統の自然エネルギーの許容容量を拡大することが緊急の課題となっている。

このような課題を克服する方策の一つとして、マイクログリッドやスマートグリッドなどの分散エネルギーネットワークが各所で検討され、実証が始められている。スマートグリッドは、分散エネルギーをネットワーク化し、情報通信技術で高度に制御することで、太陽光発電の大規模導入に伴う電力系統の出力、電圧、周波数の不安定化を抑制するものである。個々の太陽光発電の出力の状況、需要家の電力負荷の状況、他の分散電源や蓄電池の稼動状況などをリアルタイムで詳細に把握し、余剰電力を近隣設備で吸収するなどの細かい制御をしていくものである。スマートグリッドのメリットとしては、

①電力需給の調整：大規模な蓄電設備の導入とその制御や、電気自動車の蓄電池の有効利用等による太陽光発電の余剰電力の吸収
②電力系統の安定化：スマートメータ（情報通信機能や高度な制御機構を付加した電力計）などの情報通信技術による系統や建物内電気設備の高度制御
③設備の効率的利用による省エネルギー・CO_2削減
④需要家への新しいサービスの創出

などが挙げられる。

ジェレミー・リフキンの近著『第三次産業革命』[2]では、自然エネルギーとネット社会が結ばれることで、新たな産業革命がおこると予想している。第一次産業革命が蒸気機関による動力革命であり、第二次産業革命が20世紀にはじまった電力革命である。リフキンは第二次産業革命を支えた石油などの化石燃料の枯渇と、ここ30年で起こったコンピュータ革命、情報ネットワーク革命の融合により新たな産業革命がおこると予測している。エネルギー基盤により文明の形が変わるように、この革命によって、単にエネルギー供給体制の変更にとどまらず、経済、政治、市民生活、教育の在り方までが大きく変貌していくと述べている。このほかにも自然エネルギーやスマートグリッドにより新たな産業革命や持続可

能文明を予想している著書も多くみられる（藤原洋著『第4の産業革命』[3]、神田淳著『持続可能文明の創造』[4]など）。

　一方で、現在のエネルギー消費の半分は、産業部門（工場などの生産部門）で消費されており、生産システムの稼働のためは、大電力や高温の熱源が必要となるが、再生可能エネルギー源では、エネルギーの集約度が足りないという指摘もある。製鉄所の製鉄の工程（高炉など）では石炭をベースとした大量の熱源が必要であり、スクラップ鉄を再生するための電炉では、大容量の電力が必要である。住宅などの電力をまかなうには太陽光発電と蓄電池を組み合わすことでも十分であるが、大規模な工場や商業ビルのエネルギーをすべて自然エネルギーで供給することは、かなり難しい問題である。このため、石油文明に代わる「再生可能エネルギー文明」は困難であるという論調が多く指摘されている。

　これらの課題を解決する一つの方策として、マグネシウムを利用することが提案されている。東京工業大学の矢部孝教授は著書『マグネシウム文明論』[5]で、金属のマグネシウムを燃料とすることを提案している。マグネシウムを燃料して用いることは、公害を出さない新しいエネルギー源として注目されている。純粋なマグネシウムは、酸素と反応して強い熱と光を出し、酸化マグネシウムに変わるという性質がある。発熱量は石油が30MJ/kgに対して、マグネシウムは25MJ/kgであり、石油にはやや劣るものの燃料として十分な発熱量を持っている。

　マグネシウム自体は海水に豊富に含まれており、海水の淡水化プロセスで取り出すことが可能である。反応しやすいマグネシウムは、通常は酸化マグネシウムの状態となっているが、燃料として用いるためには、還元して純粋はマグネシウムに戻す必要がある。矢部教授は、太陽光を集光したレーザーを用いて、マグネシウムが製錬できることを実証している。これが完成すれば、海水からマグネシウムを取り出し、レーザーで製錬して、燃料として利用することができる。さらに燃焼後生じた酸化マグネシウムを再度レーザーで製錬して、マグネシウムに戻して循環して利用するという「マグネシウム循環社会」ビジョンを示している。

　この構想の良い点は、太陽光エネルギーが低密度であり天候に左右されるという弱点を克服していることである。化石燃料に代わりマグネシウムを用いることにより、工場等での大規模な熱源へも対応することが可能となり、また火力発電所でもマグネシウムを燃料として発電することが可能となる。従来からも自然エ

ネルギー源から水素をつくり、それを燃料として供給する「水素社会」がリフキンをはじめとしてさまざまに提案されているが、変換効率の低さ、水素の扱いの難しさや供給体制などの問題で、思うように進んでいないのが現状である。

　以上のように、太陽光発電、スマートグリッド、マグネシウム燃料などを組み合わせると、太陽光エネルギーだけでも新しい文明の基盤がつくれる可能性ができてきたと考えられる。石油に代替するエネルギー源として、再生可能エネルギーやシェールガス、マグネシウムなどの中で、環境要因などの足かせがあるものの、近視眼的にみれば、よりコストの低いシェールガスなどのエネルギーにシフトしていくことが、自然な流れとなるだろう。しかし、エネルギーレベルによる文明の区分で述べたように、現在はレベル０の段階であり、レベル１（惑星の全エネルギーを使用できる文明のレベル）には程遠いレベルである。使用可能なエネルギーの量が文明の枠組みを規定するのであれば、次の文明のレベルにシフトするためには、エネルギーの使用量が現在よりも１桁大きなエネルギー源を考える必要があり、それらを使いこなせる新しいエネルギー技術の開発が必要である。

　それでは、現在よりも１桁大きいエネルギー源とはどのようなものであろうか。石油や石炭などの化石燃料を、今の10倍の速度で使用したら、きわめて短期間で使いつくしてしまう可能性がある。シェールガスですら、現在の10倍のエネルギー消費を賄うとした場合は数十年で枯渇してしまう。ウラン鉱による原子力発電も同様である。このように現在の化石燃料やウラン鉱をベースとしたエネルギー源は、次の文明の基盤とするには困難であると考えられる。

　一方で再生可能エネルギーは、枯渇という点では心配がないエネルギー源であるので、次の文明のエネルギー基盤になりえると考えられる。しかし、太陽光パネルではエネルギー効率が低く、エネルギー密度が小さいため、現状の10倍のエネルギー源となるにはかなり無理がある。太陽光レーザーによるマグネシウム製錬も、その規模が集光面積によって制約されるため限界がある。このため、太陽エネルギーを利用して、地上に降り注ぐエネルギーの多くの部分を利用できる新たなエネルギー利用システムが必要となるである。近年研究開発が盛んな人工光合成などの技術が進み、より高度に太陽光を利用できるようになり、さらにナノテクノロジーとの融合により、身近ないたるところでエネルギーを利用できるようになることで、現在の量の制約を突破できると考えられる。身近な振動や音

などで稼働する微小センサーの研究なども進んでおり、エネルギーハーベストという造語も作られている。

　さらに核融合反応炉によるエネルギーはどうであろうか。実用化まであと数十年かかると考えられるが、発電システムとして完成しても、地球上に巨大な核融合炉を設置することは、原料となる三重水素を永続的に大量に供給することが困難であると考えられる。将来、宇宙空間に核融合炉が構築できた場合、第2の太陽としてレベル1の文明にシフトしていくこととなるが、かなり先の未来となるであろう。

　それでは将来の文明のエネルギー・エントロピー関係図はどのような形になるのではあろうか。この点については、第4章の文明の設計図で具体的に考えていきたいと思う。最近は「省エネ」が時代のキーワードであり、至るところで呪文のように聞かれる。省エネ技術に関しては、日本は世界的にも高いレベルにあり、「省エネ」技術で世界をリードするという理念もあるが、省エネだけに固執するのは危険である。安価で環境負荷も低い新しいエネルギー源がもし開発された場合、省エネ技術など見向きもされない可能性もあるからである。

(引用・参考文献)
1) ジェレミー・リフキン『エントロピーの法則—21世紀文明観の基礎』祥伝社 (1982)
2) ジェレミー・リフキン『第三次産業革命—原発後の次代へ、経済・政治・教育をどう変えていくか』インターシフト (2012)
3) 藤原洋著『第4の産業革命』朝日新聞出版 (2010)
4) 神田淳著『持続可能文明の創造—エネルギーからの文明論』エネルギーフォーラム (2011)
5) 矢部孝、山路達也著『マグネシウム文明論—石油に代わる新エネルギー資源』PHP研究所 (2010)
6) 槌田敦『熱学外論—生命・環境を含む開放系の熱理論』朝倉書店 (1992)

(参考文献)
ミチオ・カク著『2100年の科学ライフ』NHK出版 (2012)
長谷川慶太郎、泉谷渉著『シェールガス革命で世界は激変する—石油からガスへ』東洋経済新報社 (2012)
伊原賢、吉田克己著『シェールガス革命とは何か—エネルギー救世主が未来を変える』東洋経済新報社 (2012)

第3章 物質の流れの視点からみる文明

　第2章までは文明を生物になぞり、文明は「進化」しながら、生物や熱機関のように「エネルギー変換」しながら生きているという観点でみてきた。この章では、文明を物質の流れの視点からみてみることとする。前章の冒頭でも述べたように、世の中を大きな視点でみると、「エネルギーの循環」と「物質の循環」で成り立っていることがわかる。生物は、エネルギー変換マシンであると同時に、外部から体を作る材料を取り入れ、自らの複雑な体をつくりあげる「精密加工マシン」であるともいえる。文明も自然界に存在する木材や石材などを取り入れ都市や建物を構築し、鉱物資源を用いてさまざまな機械や製品をつくりだしていくという点から考えると、生物と同じような「集約的な人工物製造システム」と考えることができる。

　また多くの生物種によって構成されている生態系では、太陽光をエネルギー源とした物質の完全な循環が成立している。一方、現在までの文明は、生産システムが肥大化したものの、完全な循環が成立せずにさまざまな地球規模の環境問題を引き起こしている。生態系のように資源の循環が成立した次の文明の姿を考えていく。

1. 文明と科学技術の関係

　前章までは文明のレベルを、エネルギーを基準としてみてきたが、ここでは物質の消費量や加工度でみていく。エネルギーの場合は、文明のエネルギーの使用規模によるカルダシェフの類型化があるが、エネルギーと違って、物質の循環規模や循環の構造などから文明を類型化した事例は過去にないと考えられる。そこで、物質の消費量、物質の加工度から見る文明のレベルの考察をしてみることとする。

始めに狩猟採集時代は、人類は自然界の物質循環の中に完全に組み込まれており、人類が用いるものづくりのための「素材」は、身近にある石や木材など自然の循環の中にあるもののみであった。「加工」は石器や狩猟道具などの簡単なものを、手作業で作っている状態であった。不要になった廃棄物は、自然の分解、再生過程で完全に循環していており、ゴミ問題とは無縁の世界である。狩猟時代の後期になると、精巧な土器などが作られたが、いずれにせよ、一人あたりのエネルギー消費と同様に、食糧を除く一人当たりの物質循環量は非常に小さい時代であったと考えられる。

　続く農耕時代においては、農耕具などによる農産物生産技術の向上により、農作物の生産量の増加が進むとともに、食糧の加工などが始まり、加工技術も進展していった。農業における麦や稲などは、自然種を人為的に人類の都合により改良をしたものであり、自然の営みを人為的に改変した人類最初の事例である。また、木材資源、石材資源の利用は都市の形成とともにさらに大規模になっていった。金属精錬・加工の技術も始まり高度化していった。物質の使用量は狩猟採集時代よりは飛躍的に大きくなったが、地球規模の問題を引き起こすほどではなかった。一方で、森林伐採や農業用地の拡大は、森林資源の減少や農地の劣化をまねき、これにより文明基盤が崩壊した文明もいくつかみられるようになった。

　資源の利用規模やその加工度は、文明が利用できるエネルギー量のレベルに制約されていると考えられる。資源の使用量が大きく変動するのは産業革命からである。蒸気機関などにより大規模な動力を手にした人類は、材料の加工量を飛躍的に増大することができ、さらに材料の加工度を飛躍的に高くすることができた。材料加工については、各種の工作機械の発明によりさらに複雑な機械を生み出すことが可能となった。工作機械により金属を削り、変形させることが可能となり、またそれより以前は職人技術でのみ作られていた金属加工品が、一定の訓練をうけた人間ならだれでも機械が動かすことができるようになり、大量生産システムの基盤となった。

　余談となるが、前職の日本工業大学（埼玉県宮代町）には工業技術博物館が併設されている。特に日本の産業の発展に貢献した工作機械等を250台以上、機種別・製造年代順に展示して一般に公開している。工作機械の大部分は動態保存（実際に稼働させて使える状態で保存されていること）であり、また、昭和30年

代の町工場も復元されている。さらに、旧国鉄で長年活躍した1891(明治24)年英国製の本物の蒸気機関車(SL)も動態保存されていて、キャンパス内の軌道上で毎月1度、定期運転している。

　このような工作機械の誕生により、カンブリア紀の生物進化の爆発のように、産業革命以降、機械の「進化」が爆発的に進むようになった。また19世紀以降の石油の蒸留技術の確立により、原油からガソリンや灯油、軽油、重油などの成分を分離することが可能となり、石油が飛躍的に利用しやすいエネルギーとなった。昔から原油が地面にしみだしている場所などもあったが、昔の人は原油をエネルギー源には利用しなかった。これは、原油は燃やすと黒い煙が大量に出て極めて扱いにくいエネルギーであったためである。19世紀以降、精製された石油という扱いやすく可搬性の高いエネルギーが登場することで、これを基盤に、非常に扱いやすい小型化したガソリンエンジンが登場し、フォードをはじめとする自動車の大量生産、自動車の大衆化が始まる。そして自動車という巨大な産業の興隆へとつながっていく。このように産業革命以降の300年は、さまざまな技術が生まれ、それが大衆化していった時代であり、現在のわれわれの生活は、大衆化されたさまざまな製品に取り囲まれた生活環境となっている。

　さらに19世紀の終わりからの電力エネルギーの普及により、一層エネルギーの利用が便利になった。電動機の利用により、機器の細かい制御が可能となり、工作機械は精度が向上し、さらに微細な機械加工が可能になった。また、電気回路による制御も可能となり、電気製品という新たなカテゴリーを生み出した。

　これらの機械の進化と、電気技術をベースにした電子回路技術が進展し、その後のコンピュータ技術、情報通信技術の進展へとつながる。現在もムーアの法則(半導体の集積密度は18〜24カ月で倍増するという経験則)にみられるように、電子回路の集積度の向上が続いている。

　特にコンピュータの登場は、技術史上でも非常に大きな出来事であると考えられる。コンピュータにより、人類の情報処理力の飛躍的な向上が可能となり、現在も加速度的に進んできている。情報処理能力からみた文明のレベルというものも考察する価値があると考えられるが、この点については、将来の課題としたい。松田卓也著『2045年問題―コンピュータが人類を超える日』[1]では、2045

年には、コンピュータの能力がすべての人類の脳の処理能力の合計を超えるという説が紹介されている。欧米では人工知能開発に一層の拍車がかかっており、意識を備えたコンピュータが人類を支配するというSF映画の世界が、現実味を帯びてきている。実際に2045年において人工知能が人類を超えるかどうかはわからないが、コンピュータがそのような方向に進んでいることは事実である。またこの書籍では、いずれは人間がコンピュータに仕事を奪われる可能性が指摘されている。ブリニョルフソンとエリック著『機械との競争』[2]でも、コンピュータやロボットによる失業が経済学的観点から描かれている。これらからは、人類とコンピュータの付き合いかたが新しい局面にきていると考えられる。

2.「物質エントロピー」でみる生産工程

　そもそも技術は何のため編み出されてきたのだろうか。答え方は様々だろうが、簡単にいうと、人間が環境を利用するための能力（力、移動、情報伝達）の拡大のためであるといえる。自然環境を自分の都合に合うように自分のものにするために技術が進展してきた。一方で環境を利用するということは、物理的な環境破壊につながっていく場合が多い。森林から薪を採集することも、森林を切り開いて農地にするもの森林の物理的な破壊である。このとき破壊された自然が、自然の再生能力以内であれば問題は無いが、それを超えると、破壊が累積的に進んでいくこととなる。本節では、自然や物の壊され具合などをうまく表す指標として、エントロピーという概念をもう一度持ち出して考えてみる。

　第2章でエントロピーの概念を紹介したが、もともと熱力学で出てきたエントロピーの概念を物質循環まで広げることを考える。しかし、エントロピーの定義式は「熱量Q／絶対温度T」であり、物質移動などへの適用はできない。この難関をうまく解決するアイデアが、槌田敦氏の『熱学外論—生命・環境を含む開放系の熱理論』[3]に紹介されている。この本では、「物」のエントロピーの定義が紹介されており、通常のエントロピーとは区別するため「物エントロピー」という言葉が用いられている。

　それではどのように、物質の移動や拡散していく状態に、エントロピーという概念を適用するのだろうか。もともとエントロピーの概念は、分子・原子の振動

の乱雑さ、無秩序さを表す指標として考えられたものである。一方で分子が空間内を拡散する場合を考えると、分子の乱雑さが増大しているとみなすことができる。すなわち、物が拡散する過程も乱雑さで表すことができ、分子原子の振動の乱雑さを表すエントロピーという概念とうまく整合ができると考えられる。

次に、物質が拡散したときのエントロピーはどのように測ればよいのだろうか。物が拡散すると、それを元にもどすためには、エクセルギー（有用な仕事・動力）を用いる必要がある。このエクセルギーは最終的に熱となり、エントロピーが増大する。すなわち、

  物が拡散したときの「物」エントロピー増大
   ＝拡散を元の状態に戻すための動力を生み出す過程での
    「熱」エントロピーの増大

と定義するのである。

物質のエントロピーの分かりやすい例えとして、10本のガラス製の空瓶について考えてみる。次に示すような4つの状態になっている場合、その違いをエントロピー的な視点でみるとどうなるだろうか（このたとえ話の出典は槌田敦『熱学外論—生命・環境を含む開放系の熱理論』[3]）。
　①箱に入ってまとまったガラス瓶
　②あたりに散乱しているガラス瓶
　③粉々に砕かれているが一箇所に集められているガラス瓶
　④粉々に砕かれていて、散乱しているガラス瓶

これらの4つの状態は何が違うかを見てみると、それは「物質としての秩序の度合い（秩序があるか、無いか）」である。最も秩序があると考えられるものは、「①箱に入ってまとまったガラス瓶」であり、最も秩序がないと考えられるものは、「④粉々に砕かれていて、散乱しているガラス瓶」である。もちろんこれは常識をベースにした判断であり厳密な定義はできないが、大方の人には納得してもらえると思う。

そして秩序をどのように評価するかというと、一番秩序がある状態に戻すときに必要なエネルギーの違いでみていけばよいと考えることができる。例えば、「④粉々に砕かれていて、散乱しているガラス瓶」を元の瓶の状態に戻して箱に

詰めるためには、ガラス片を集めるエネルギーや、ガラス片を加熱して溶かして瓶に成形しなおす多くのエネルギー消費が必要である。「②あたりに散乱しているガラス瓶」を元の状態に戻すためには、ガラス瓶を集めて運ぶエネルギーだけが必要であり、④の状態を元に戻すのに比べ非常にわずかなエネルギーで済む。このとき、元の状態にもどすために、エネルギー消費した場合、エネルギー消費に伴い必ずエントロピー（このエントロピーは熱のエントロピー）の増大が伴う。すなわち、「集めるための動力」は、最終的には「熱」になり、「熱」エントロピーが増大する。散乱する度合いが大きいほど、元の状態に戻すために必要な動力が大きくなり、「熱」エントロピーの増大量も大きくなる。ものの拡散度合（無秩序さ）を定量的に測るには、拡散した状態を元の秩序ある状態にするために使われる動力による「熱」エントロピーの増大を用いればよいのである。

「物」エントロピーという視点でみてみると
　　　　　　「粉々、散乱したガラス」＝「物」エントロピーが大
　　　　　　「まとまったガラス」　　＝「物」エントロピーが少
ということになる。

　次に、生産過程をエントロピー図で書いてみると図3-1のようになる。図の右半分は、熱機関（エンジン）を高温の熱源で動かして、動力（エクセルギー）を取り出す過程であり、第2章でみた形と同じである。この図では、この動力を用いてものを組み立てる工程を図の左半分に描いている。ものを作り上げる生産工程は、バラバラの素材や部品から高い秩序をもった機能や製品を生み出す過程であるであるということができる。これを物エントロピーの視点からみると、素材・部品が生産工程を経て製品になることで、より秩序が高くなるので、「物エントロピー」は減少するとみなせる。すなわち、
　　　　　　　「素材・部品」＝高い「物エントロピー」
　　　　　　　「製　　品」＝低い「物エントロピー」
の関係となる。
　一方で、生産工程を稼動させるためには、動力（エクセルギー）の投入が必要である。このエクセルギーを作り出すためには、高温の熱エネルギーを消費して熱機関を動かす必要があり、この過程で熱エントロピーは増大している。すなわ

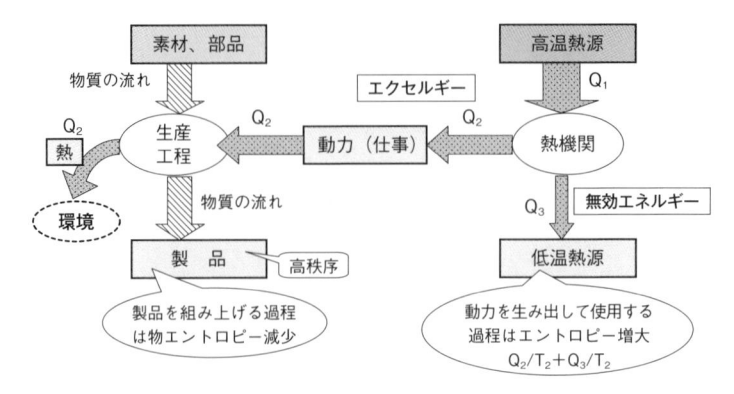

図3-1 生産工程の熱エントロピーと物エントロピーの関係

ち、製品の「物エントロピー」を低下させるために、「熱エントロピー」を増大させているという関係にあることがわかる。もう少し一般化していうと、何かの秩序を高めるためには、別のところの無秩序さが増大するという関係がある。さらにある領域の秩序が高まる以上に別の部分の無秩序さが増大していき、宇宙全体ではやはり無秩序さが増大していく。熱力学の第二法則には逆らえないのである。

第2章では、エクセルギーやエントロピーの視点でみると生物が熱機関と同じ構造であるという視点を紹介したが、同様に動物について物エントロピーの視点で考えると次のようになる。生産工程と同様に、動物はアミノ酸を原料として、そこからたんぱく質を生成し、体の筋肉、臓器などを形成していく。この物の流れの過程は、秩序がより高くなる過程であり、「物エントロピー」は減少していく過程である。しかし、たんぱく質を合成し、体の臓器等を形成する過程では、APT（アデノシン三リン酸）等のエネルギーが消費され、そのAPTを生成する過程で多くのエントロピーが増大している。図3-2に生物の熱エントロピーと物エントロピーの関係を示すが、生産工程の図を同じ構造で描くことができる。

図3-1では、製品が使用され廃棄される過程までは記述されていないが、もしリサイクルをしない場合は、製品が廃棄されたのち、部品や素材が環境中で腐食して自然界に戻っていくこととなる。このとき有害な化学物質なども環境中に拡散していくことが考えられる。このとき「物エントロピー」は増大していく（物の秩序が低下していく）こととなる。廃棄製品の量が、自然の自浄能力以内

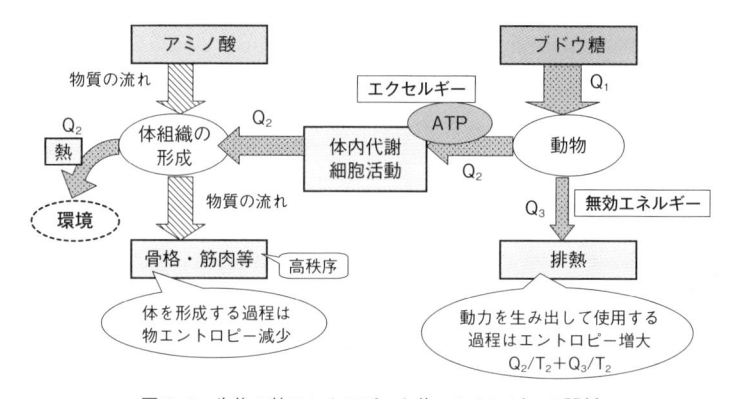

第3章 物質の流れの視点からみる文明　73

図3-2 生物の熱エントロピーと物エントロピーの関係

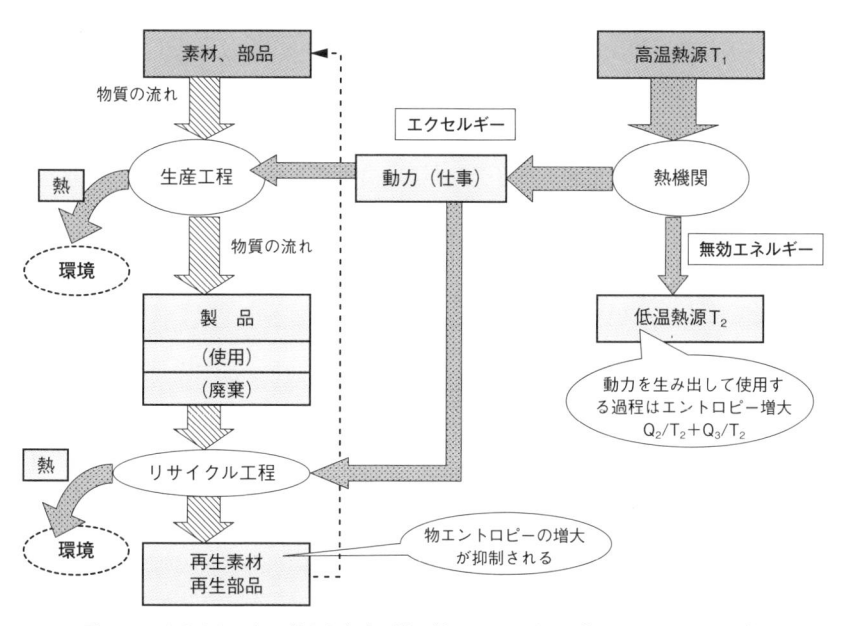

図3-3 リサイクルまで考えた生産工程の熱エントロピーと物エントロピーの関係

なら、この方法でも問題ない。しかし、大量に廃棄された物質の分解が環境浄化能力を超えると、いわゆる「ゴミ問題」が発生する。

一方廃棄製品をリサイクルして素材や部品に再生し再利用した場合、環境中への有害物質の拡散やゴミ問題は抑制することができるが、リサイクルを行うためにさらにエクセルギーの追加が必要になる。これはエクセルギーを生み出すため

のエネルギー資源をより多く消費することを意味する。図3-3にはリサイクル過程までも含めた図を示す。このように、リサイクルを徹底すると資源が循環し物エントロピーの増大は抑制されるが、熱エントロピーは、リサイクルしない場合にくらべさらに増大してしまい、エネルギー資源の消費を増大してしまう。リサイクルを徹底すればするほど、より多くのエネルギーを消費する（エネルギー資源問題が生じる）。リサイクルをしないと、ごみ問題、有害物質の環境問題が生じるという関係にある。

この問題の解決の糸口を見いだすために、ここで生態系はどのように物エントロピーの増大を解決しているかをみていく。自然界では、森の中を見てみても、動物の排泄物や死骸が山積みされ、ごみ問題が起こっている風景をみたことがない。これは、動植物の死骸は、微生物やバクテリアが分解して、土の中で植物が成長するための栄養素に戻され、利用されることで、一方的な「物エントロピー」の増大を解決しているからである。これらの森の物質循環を駆動させるエネルギー源はやはり太陽であり、太陽からの光エネルギーを利用して、宇宙空間にエントロピーが増大した熱エネルギーを廃棄しているので、地球圏の熱エントロピーが一方的に増大することを避けている。図3-4に生態系の熱エントロピーと物エントロピーの関係の図を示す。第2章でみた、生態系のエクセルギー・エ

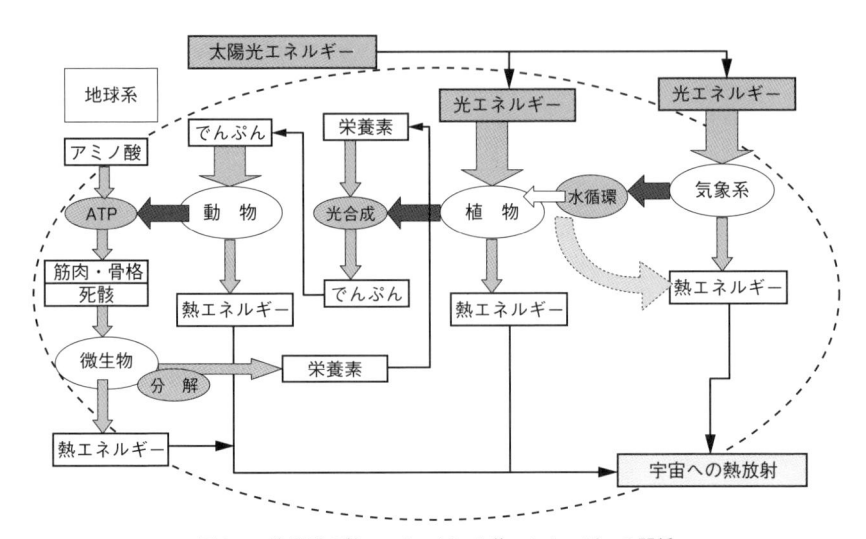

図3-4　生態系の熱エントロピーと物エントロピーの関係

ントロピー図に、先ほどの生物の熱エントロピー・物エントロピー図（図3-2）を一つに組み合わせてみたものである。図は右側からみていくとわかりやすい。気象系は太陽の光エネルギーを駆動源として気象現象・水の循環を引き起こしている。それにより供給された水と太陽光により、植物が光合成し、でんぷんが動物に供給される。動物はでんぷんからATPを合成してこれをエネルギー源として動き回るとともに、アミノ酸を合成してタンパク質をつくり、体を作り上げている。死骸や排泄物は、土中の微生物によって分解され、植物の栄養素に還元されている。物質がここで循環していることがわかる。太陽エネルギーは、最終的に熱エネルギーとして宇宙に捨てられている。これらの要素をすべて含んだ点線の部分が、2章でみた地球を熱機関とみなした図2-14の構成に対応する。

　この生態系のエントロピー・エクセルギー関係図に農耕文明を書き入れて表してみると図3-5のようになる。農耕により植物の循環系とは別に農業活動が独立して動きだし、人類は食糧のほとんどを農業と牧畜に依存するようになる。文明が次第に大きくなると、森林を開墾し、農地や牧草地をつくっていくため、森林が減少していく。森林が減少するとその森で暮らしていた動物が減少し、動植物から還元される土の栄養素も少なくなっていく。徐々に土地が痩せていき、植物が生えにくい場所が増えていく。さらに進むと砂漠化が始まる。

文明崩壊のプロセス

（①〜⑨は図3-5、図3-6中の番号に対応）
①農業を行うために、森林などを切り開くため、森林量が減少する。
②農業用に水が利用されるために、水の循環ルートが変化する。
③家畜の放牧などで、草原などが減少していく。森林、草原の植物量が減っていく。
④植生が減少するため、森林の中の動物の食料が不足し、森林の中の動物が減っていく。
⑤動物の死骸などが減り、微生物で分解されて生成される栄養素が少なくなる。
⑥土の中の栄養素が少なくなり土地が痩せていく。植物を育成する力が弱くなるため、ますます植物が減少する。植物が無くなり、表土が現れると、雨などによって、土中の栄養素が流出し、ますます植物が生えなくなる。
⑦土地が水を保持する能力がなくなり、乾燥化し、砂漠化が始まる。砂漠化が始まると、水の循環量が減って、雨が降らなくなり、ますます砂漠化が進展する。
⑧雨が降らなくなり、砂漠化が進行するため、農業や家畜の育成が困難になる。
⑨文明を支える食料が供給困難になる。都市・国家は衰退していく。

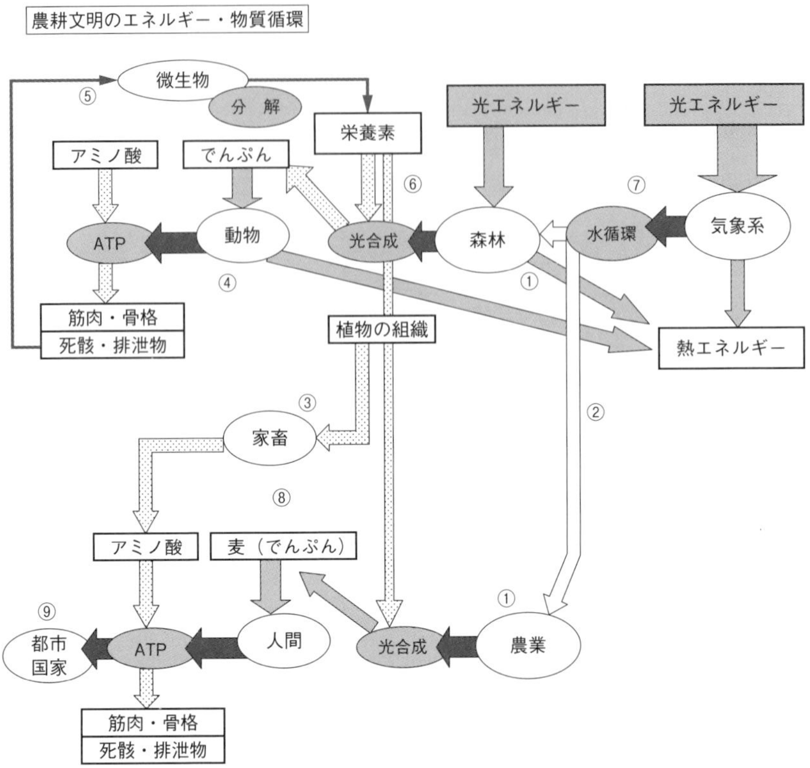

図3-5 農耕文明の熱エントロピーと物エントロピーの関係

　さらに、この農耕文明のエントロピー・エクセルギー関係図に産業革命後の生産システムを書き入れて表してみると図3-6のようになる。農業がはじめられた初期の文明と大きく違うところは、人類がつくりだした生産システムの部分が非常に肥大化してそれに伴う物質消費が拡大しさまざまな自然環境破壊を起こしていることである。さらに、資源の循環が完全には成立していないことが大きな問題である。

　産業革命は、農業分野の生産技術も向上させ、これにより人口の増加が可能となった。一方で、その人口を支えるために農業の拡大は続いており、自然環境を大きく圧迫している。生産システムの拡大と農業の拡大が地球の限界に近づきつつあると考えられる。ある瞬間に「Xイベント」が起こると、これを契機に現在

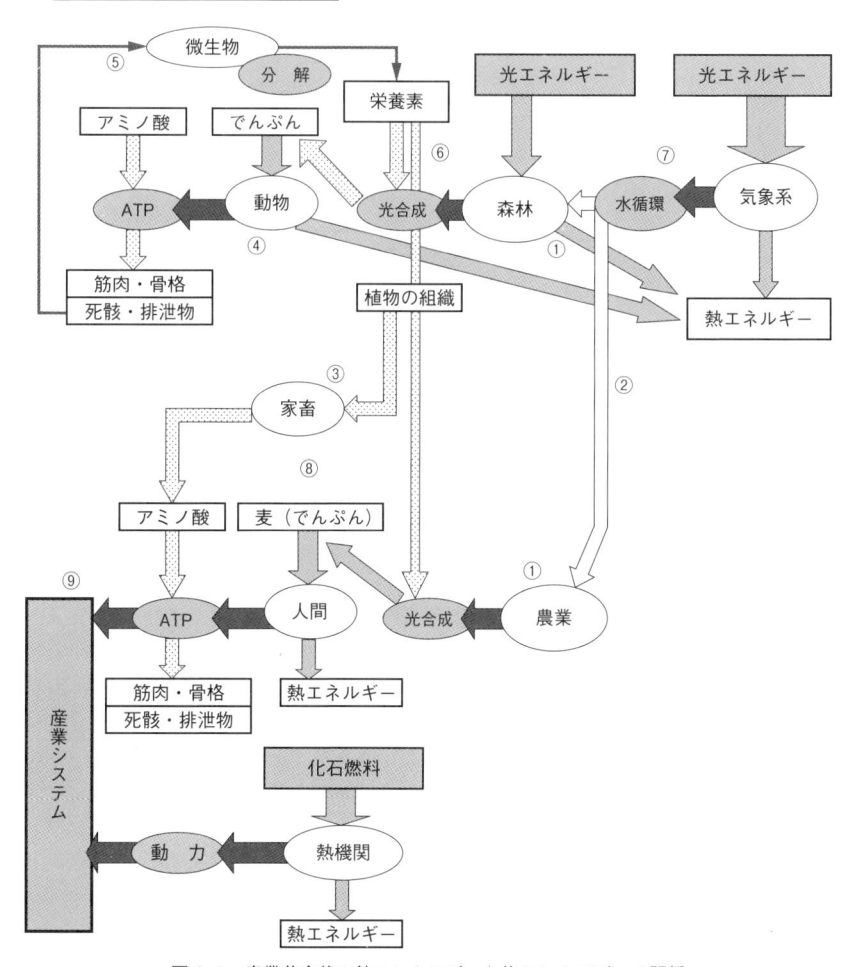

図3-6　産業革命後の熱エントロピーと物エントロピーの関係

の産業文明が崩壊する危険性が高くなってきているのではないだろうか。現在の産業文明の発展がこのまま続くための条件を具体的に示していく必要がある。人類の数と、人類がつくりだした生産システムは、地球の物質循環の限界に達しつつあると考えられる。

　一方で、技術革新はさらに進んでいくという現実もある。今の時代は、人口増加の加速、資源消費の加速、技術革新の加速、情報処理能力の加速が、それぞれ

ピークに達しつつあると考えられる。このまま人類社会が破たんをせずに新しい文明のパラダイムに移ることが可能なのであろうか。新しい文明レベルは、技術の革新により現在の人類の生活環境を維持しつつ資源、エネルギーが少ない循環型社会が持続的に続く風景だろうか。ここ数十年の急激な変化ののちに、安定した時代がくるのであろうか。

補足　自然の循環を育てた「江戸文明」

槌田敦氏『熱学外論─生命・環境を含む開放系の熱理論』[3)]には、古代文明との対比で、森林破壊を起こさなかった江戸時代を「江戸文明」と称して紹介されている。この書籍に示されている江戸時代の様子をまとめるとともに、エクセルギー・エントロピー関係図をまとめてみた。

江戸時代、長らく続いた戦乱の時代が終わり、江戸を初めとする巨大な都市が形成されていった（江戸の人口100万人、大阪、京都50万人）。このため、森林、原野を切り開き、新田の開発が盛んに行われるようになった。しかし江戸時代の都市は、古代文明のような森林破壊による衰退を起こさなかった。

当時の人々の生活の様子をまとめると以下のようになる。
・当時の日本人は、主として米、魚、野菜を中心とした食生活をしており、家畜の放牧の文化は無かった。米は麦よりも必須アミノ酸（タンパク質の原料）が豊富であり、米と魚介類だけで栄養の点では十分であった。
・当時の都市の灯りのために、魚油が広く用いられた。魚油は、雑魚を茹でてその煮汁からとる。そのときに副産物としてでるカスが、農民へ肥料として売られていた。
・都市から発生する大量の人糞尿は、畑や水田で肥料として利用された。当時は人糞尿が売買されていた。
・水田には、多くの種類の昆虫が発生し、それを捕食する鳥などが集まることにより、水田周辺にも豊かな生態系が生まれた。麦の畑は、比較的乾燥しており、あまり豊かな生態系を生まない。

図3-7に図3-5との対比で、江戸時代のエクセルギー・エントロピー図を描いてみる。古代文明と違う点は以下のとおりである。
　①森林から水田に開墾されても、水田の周りには新たな生態系が生まれ、土地が痩せないため、新たな植生の減少を招かなかった。
　②当時の食生活は、米と魚介類などが中心であり、タンパク質を取るために放牧をする必要がなかった。このために森林の破壊が起こらなかった。

③魚介類のカスが肥料として、水田、畑に供給され、土地が痩せ細らずに持続的な農業が可能となった。
④都市で発生する人糞も肥料として利用され、物質循環が成立し、一方的に土地が痩せていくことを避けることができた。

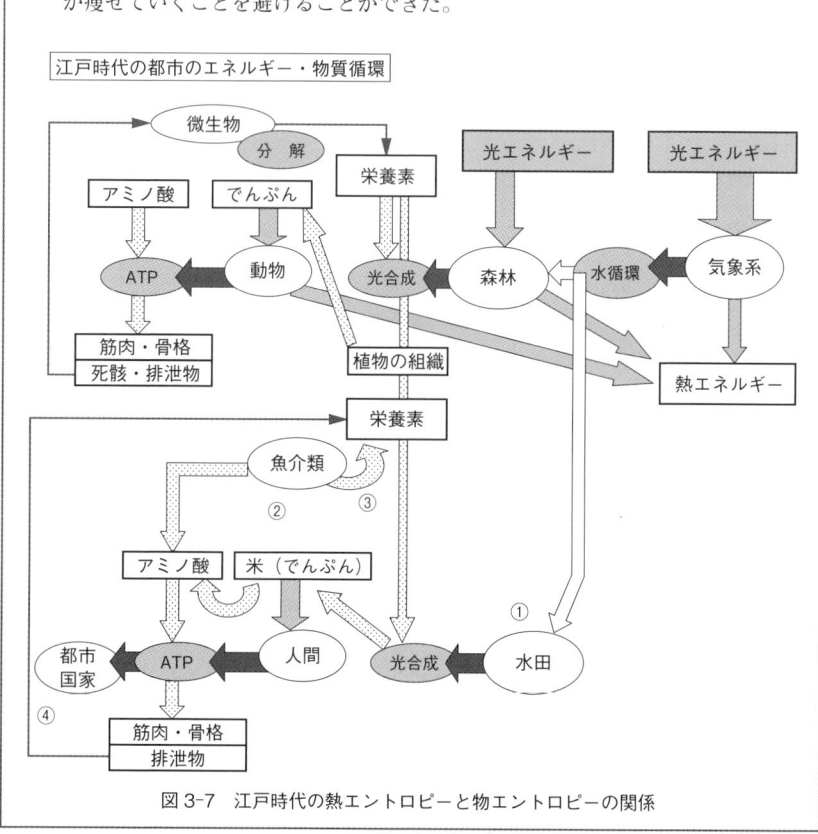

江戸時代の都市のエネルギー・物質循環

図3-7　江戸時代の熱エントロピーと物エントロピーの関係

3. 産業革命の終着点；人間はどこまで複雑な技術をつくれるか

　文明の進化とともに、エネルギー使用量が増大し、同時に資源の加工度や使用量が拡大してきていることを、前節まではみてきた。特に産業革命以降は、カンブリア紀の生物進化の爆発のように、機械の進化爆発が続いている。ここでは視点を少し変えて、人類はどこまで複雑な機械が作れるのだろうかという点をみていきたい。技術革新はこのまま直線的に進んでいくのだろうか。

ドラえもんの単行本の第8巻[4]に「人間製造機」という話がでている。人間を構成する材料をいれてスイッチをいれると、液体の中で赤ちゃんが育っていき、人間ができるという機械である。人間を構成する材料は身近なものを用いる。例えば「脂肪」は石鹸、「炭素」は鉛筆の芯、硫黄はマッチ棒などである。このドラえもんの漫画だと、この人間製造機は故障しており、超能力をもった赤ちゃんがうまれて人間をテレパシーでコントロールしてしまう話になっていく（結末は、単行本をみてください）。

はたして、このまま技術革新が続くと、「人間製造機」ができるのだろうか。複雑な機械の究極の姿のひとつは生物である。このまま機械技術が進むと、人間のような非常に複雑な機械までつくれる日がくるのだろうか。ここで、機械の複雑さを考えるうえで、機械や生物の構成要素数（部品数、素材数）をみてみると以下のようになる。

自動車の部品数	1～5万点
航空機の部品数（ジェット旅客機）	10～50万点
スペースシャトル（打ち上げシステム含む）	100万点？
インターネット（PC数）	10億台以上
脳内の神経細胞（ニューロン）	1000億個
人間の細胞数	60兆個（タンパク質種類10万種類）

部品の数を正式に発表している事例はなく、部品のカウントもどこまで細かくカウントするかで数が変動してくると考えられるが、さまざまな資料からおおよその数字を筆者が推測したものである。

自動車でおよそ数万点であり、ジェット旅客機ではそれより一桁大きい程度ではないかと思われる。自動車は構造的な欠陥で大事故が起きるということはほぼ皆無になってきていると言ってよく、旅客機についても構造的な欠陥による大事故は近年ではほぼ無いといってよい。このように人類の科学技術は、数十万点程度の部品によるシステムは、かなり信頼性の高い機械を作り出すことができるようになってきていると考えられる。一方で、スペースシャトルは、打ち上げや着陸にかかわる付帯システムまで含めると、部品数は旅客機のさらに一桁大きい程度になると予想される。スペースシャトルは、いままで2度大きな事故を起こしており、数十回に一度程度の頻度で大事故を起こす信頼度である。

このように、部品数が増加すると、すべての部分に目を届かすことが難しくなり、システム全体の信頼性が低下することがわかる。現在の機械システムの設計方法は、すべての部品を図面に書いて、部品を作ってくみ上げていく方式である。この方法だと100万点ぐらいの部品によるシステムが、人類の作ることができる限界ではないかと個人的には予想している。現在の機械のつくり方ではスペースシャトルよりもはるかに巨大で複雑なスペースコロニーや月面基地や宇宙エレベータはつくることができないのではないだろうか。このような巨大なシステムを従来の設計方法、管理方法で構築すると、作った先から故障や不具合があちこちで発生して、手に負えなくなると考えられる。

さらにこれまでの機械設計では、ドラえもんや巨神兵（宮崎駿著『風の谷のナウシカ』に出てくる巨人型の生物ロボット）など、より生物に近い機械もつくることが難しいと考えられる。一方で、生命の体をつくっている基礎部品である「細胞」は、人では約60兆個あると言われており、その素材となるたんぱく質は10万種類と言われている。生物を見ると機械よりもはるかに複雑な構造の生物があたりまえのように多数存在している。なぜ生物はそこまで巨大な数の細胞を設計・構築・維持することができるのだろうか。

ここで生物の特徴を機械と比較してみると、生物は自己組織化、自己複製、自己修復、進化、多自由度などの優れた特徴があることがわかる。生物は、物理的な自己組織化現象をうまく利用して、非常に少ない設計情報（遺伝子の数は非常に多いが、細胞一つ一つの設計図や配置まで記述しているわけではない）で、生物の体を作っている。このように、自己組織的に機械をつくるという技術が、一定レベル以上の複雑なシステムを構築するためには、非常に重要であることがわかる。巨大な宇宙基地システムをつくるためには、自然に出来上がり、維持される自己組織化技術が必ず必要になってくると考えられる。また、より生物に近いドラえもんなどの機械をつくるためには、細胞のような機械モジュールを積み重ねてつくる必要があり、ここでも自己組織化技術が不可欠である。

しかし人類は、自己組織化機能を技術として使いこなせるレベルには届いていない状況である。産業が進んだ現在においても、農業をはじめとして、自然界・生物界の自己組織能力に頼っている部分が非常に大きい。植物の種を土に植えれば、植物が育つ。さまざまな技術で植物を改良して生産量を向上させることや、

遺伝子を組み換えて人間に都合がよい形にすることはできるが、植物が種から育つという自己組織化現象を、そのまま一から再現する技術を人類はまだ持っていない。人間製造機のように、無機物から植物の種を人工的に合成することはできていない。種どころか、単細胞生物ですら作れていなのが今の人類のレベルである。

一方で、生物をそのまま再現できるとそれが究極の理想の機械であるかと問うと、必ずしもそうではなく、生物も万能ではない。機械に比べて生物の欠点を見てみると以下のようなものが考えられる。

①巨大化の限界

生物は巨大なものでも恐竜か、クジラ程度であり、これらより巨大なシステムを構築できていない。一方で機械システムは、300mを超える巨大なタンカーや、600mを超えるスカイツリーを作ることができる。

②活動環境のデリケートさ

生物は、それぞれの環境に適合するように進化しており、活動環境のわずかな変化でも存続できない場合が多い。環境に対して非常にデリケートである。機械システムはそのように設計すれば、高温下でも宇宙空間でも稼働できる。

③成長が遅い

大きな動物の場合、成長するまでに数年かかる。樹木も大きくなるまでに数十年以上かかる。一方で、自動車は1日に数万台生産できる。600mのスカイツリーも2年で完成できた。

このようにみてくると、生物をそのまま完全に真似た機械をつくりだしても、必ずしも優れた機械にならないと考えられる。想像してみると、人間のように1日の半分を食事や休憩に費やして、完成まで（生まれて成長し成人になるまでに）約20年かかるロボットが仮に製造されたとしても、あまり使い勝手がよくて便利だとは思えない。さらに知能が人間と同等であれば、さまざまな不満や要求をしてくることは間違いない。

以上みてきたように、機械システムの進歩がつづき、超巨大なシステムや生物の優れた特徴をもった機械をつくるためには、今までの設計手法とは違った、自

己組織的にものをくみ上げていく技術体系を人類は獲得していく必要がある。文明のレベルを一段階上げるためには、自己組織化技術を用いつつ、機械の良さと生物の良さを合わせてもった、新しい機械システムが必須ではないだろうか。機械のように早く大量生産でき、文句もいわないロボットである一方で、生物のように、自己組織化され、自己修復機能をもち柔軟性があるロボットである。やはり理想はドラえもんだろうか。ちなみにドラえもんは2112年の日本の「松芝」工場で生まれた大量生産タイプのロボットだそうである。あとおよそ100年である。

4. 新たな産業革命の可能性；3Dプリンタは新しい産業革命を起こすか

　近年、新しい産業革命として「デジタルファブリケーション（デジタルものづくり革命）」が大きく話題になっている。クリス・アンダーソン『MAKERS―21世紀の産業革命が始まる』[5]が翻訳されたことにより、国内でも知られるようになってきた。新聞などでは、「デジタルファブリケーション」は、3次元プリンタに象徴される小型のデジタル工作機でものづくりをすることという意味で使われており、関連する話題が掲載されることが多いが、実はもっと広い意味をもっている。

　メーカーズ革命を支える環境は次の3つのである。

　①工作機械の低価格化、デジタル化

　　これにより小型の工作機械がだれでも利用できるようになり、パソコンでCADデータを作成すれば、だれでも安価に試作品が作れるようになった。

　②設計データのオープン化

　　CADデータなどの設計データのフォーマットが国際的に標準化され、さらにインターネット上で設計情報を共有することが容易になった。

　③国際的なサプライチェーンの形成

　　中国をはじめとする巨大な部品供給産業が立ち上がり、少量の試作から大量生産まで、インターネットを用いた発注が可能となってきた。

ただし、これらの環境によりものづくりが非常に身近になったという認識だけでは、本質をとらえていない。「デジタルファブリケーション」の本質を象徴するものが、「一人製造業」である。一人で製造業を立ち上げて開発・設計・試作・生産・販売を、インターネットを駆使して行う事例が国内でも出ている。「一人製造業」は、製造業の本質的な構造の変化が含まれている。それは、「ものづくりの大企業支配の脱却」、「インターネットを駆使したバーチャルな工場の出現」、「ロングテール理論による市場の拡大」の3つである。

その一つ目は「ものづくりの大企業支配の脱却」である。今までのものづくりは大企業に支配されていた。個人の発明家が何か新しい機器を発明しても、それを大量生産、大量流通される体制を個人でつくることはほぼ不可能であった。発明家は、発明の特許を大企業にライセンスすることしかできない。しかし企業に技術を与えてしまうと、その後の製品開発には深く関与できず、さらには特許の有効期限が切れたあとは、ほぼ企業に技術を支配されてしまう。『MAKERS—21世紀の産業革命が始まる』にもクリス・アンダーソンの祖父の話（タイマー式スプリンクラーの発明とその後）が紹介されている。祖父の仇を打つために、クリス・アンダーソンはデジタルファブリケーションを利用して、インターネットに接続して遠隔操作ができるスプリンクラーを自ら開発し、大企業に頼らず、販売することに成功している。製品設計情報のデジタル化、データの標準化により、部品の製造を中国にアウトソーシングし、インターネットで販売することにより、生産設備を持たずに、また卸売業者を介さずに製造業を商える状況になってきている。

またクリス・アンダーソンの新型スプリンクラーが成功した要因は、「インターネットを駆使したバーチャルな工場」が可能となってきたことである。クリス・アンダーソンは工学系の大学を出ているわけではなく、機械の設計や電子回路の設計はインターネット上でクリスの計画に賛同した多くの協力者により可能となった。インターネットは国境を超え、その時必要な専門家を世界中から集めることが可能なのである。また、自らが開発した設計データを企業秘密にするのではなく、インターネットでオープンにすることで、ネット上のさまざまな専門家から改良や新機能の提案をうけることができるようになってきている。パソコンOSのLinuxが大企業ではなく、ネット上の多くの協力者により構築され、

マイクロソフト社の Windows に匹敵する機能を持つことができたように、ものづくりにおいても、自分の不足した知識を補いながら、製品の設計が可能な時代になってきている。

　さらにクリス・アンダーソンは、製品の「ロングテール」市場の開拓を著書で説明している。もともとは著書『ロングテール』[6]（クリス・アンダーソン）で、インターネットを用いた物品販売の手法を論じたものである。インターネット販売では、商品を展示する物理的スペースが必要なく、バーチャル上では非常に多数の商品を展示できることから、販売機会の少ない商品でもアイテム数を幅広く取り揃えることで、総体としての売上げを大きくすることを狙うものである。これと同様にロングテール理論をものづくりにも適用できる。従来、企業による商品化は最低でも1万個程度の需要があるものに限られていた。製品を製造するうえで、研究開発、金型の作成、部品の調達、製造設備の準備、配送の準備などを整えるコスト（人件費も含む）を考えると、一定以上の販売量を見込めるものにしか投資できなかった。市場では1,000個の需要があることが確実にわかっていても、1個当たりの価格が非常に高価になってしまうため、企業では手を出すことができなかった。しかし、デジタル工作機器や国際的なサプライチェーンの形成により、1人や少数の人員で、ネット上の専門家と協力して、低価格での製品製造が可能となってきている。100個や1,000個しか需要がない市場にも「一人製造業」は進出が可能となってきている。100個の市場を100種類つくれば、1万個の市場を創出することと同じであり、新しい経済成長の余地が残されている。

　このようなデジタルファブリケーションにおいて、その象徴的な存在が3Dプリンタである。3Dプリンタは、通常の紙に平面的に印刷する2次元のプリンタに対して、3次元CADデータをもとに立体（3次元のオブジェクト）を造形する機械である。通常は溶かした樹脂をノズルから出しながら積層していって3次元の形を造形する。従来は非常に高価なもので数千万円したが、最近では20～30万円で購入できるものが販売され始めており、個人でも入手可能となり、簡単なものづくりならすぐにできる時代となっている。

　次にデジタルファブリケーション革命の位置づけを少し考えてみたいと思う。個人でのものづくりが可能になってきたことは、身近な生活用品を自給自足する

ことが可能となってきたことである。先に紹介したアルビン・トフラーが「第三の波」の中で、3つ目の波により、「生産消費者（prosumer）」が出現すると予想している。近年のデジタル産業革命は、生産消費者が具体的になってきたものであると考えられる。「第三の波」を昔、学生時代に読んだときに「生産消費者」の実現は、なかなかピンとこなかったが、トフラーの先見の明はすごいものである。

　それでは、このような3Dプリンタによるデジタルファブリケーションが新しい文明のパラダイムシフトに相当するのであろうか。筆者個人は、このデジタル産業革命は、情報通信化の流れが製造業まで深く浸透してきたことと、工作機械の大衆化・低コスト化という流れが合流したものであると考えている。一般に、新技術の普及パターンは、技術の誕生 → 先駆的利用 → 大衆化という流れで普及してくる。例えば自動車、電話、コンピュータなどさまざまな製品を思い出せば明らかである。工作機械についても、最終的な大衆化のフェーズにきたのではないかと考えらえる。

　しかし、この流れを新しい文明のパラダイムシフトとみなすのは、やや変化の規模が小さいのではないかと考えられる。デジタルファイブリケーションが進んでも、スペースコロニーやドラえもんはできない。農業革命や産業革命で経験したように、その前後で社会の様相が一変してしまうような大きな変化ではないような気がしている。ただし、機械の製造が非常に手軽になってきたことにより、自分で自分をつくる機械（自己複製機械）や、自己進化機械の初歩的なものが実現できる素地が整ってきているのかもしれない。

　さらに、ナノバイオ3Dプリンタなども開発されてきている。これは3Dプリンタで樹脂を用いるのではなく、増殖させた細胞をノズルから噴出して人工臓器などを形成する試みである。この技術がさらに進めば、人工細胞のようなナノバイオユニットを自己組織化技術でつくり、それを3Dプリンタで造形し、巨大構造物を手早くつくる技術が出現できるかもしれず、新しい文明のパラダイムシフトの基盤技術になるかもしれない。

5. 生物に学ぶ新しい機械；自己組織化機械による持続可能文明の可能性

　農耕技術や蒸気機関が大きな文明のパラダイムシフトを起こす基盤技術であったように、次の文明のパラダイムシフトを起こす基盤技術は何であろうか。関連する文献などの論説によると、それは情報通信技術であったり、デジタル産業革命であったり、バイオテクノロジーであったりとさまざまである。いずれも社会システムに大きなインパクトを与える技術であるが、社会システムや人々の生活様式を根底から変えるほどの技術かといえば、少しそのインパクトは小さいと考えられる。例えば狩猟社会から農耕社会への変化のときには、人類は定住生活を始め、農業による富の蓄積により、都市が形成されるなどの大きな変化が起こった。産業革命においては、農業から工業への労働者のシフトにより、都市での労働者の生活様式が新たに生まれ、より高度な都市へと変わっていった。

　筆者は、「自己組織化技術」こそが、次の文明のキーテクノロジーになるのではないかと考えている。自己組織技術とは、植物が種から自然に成長していくように、材料が自然と集まって形ができ機能が発現する仕組みである。生物は、一つの卵細胞から細胞分裂、すなわち細胞の自己複製をくり返すことで、一つの体をつくりあげていく。細胞分裂を繰り返す過程で、細胞が自己組織的に分化し、さまざまな器官となって全体が作り上げられていく。この過程で、体の外から成長を制御する主体は存在しない。すべては、細胞内部の遺伝情報のみを用いて、細胞自らが全体を構築している。

　一方で人類は、生物のような自己組織化能力や自己複製能力を用いて、ゼロから世の中にないものを生み出す技術を自ら獲得してはいない。現在の高度に発展した機械文明においても、勝手に製品ができる自己組織技術や、機械が同じ機械を生み出す自己複製機械はいまだに実現していない。一方で自然界においては、種から自己組織的に木々や草花が成長する。そして世代交代を繰り返していく中で、それらが進化して環境に適応していく。これに対して、人間は、環境に合わせて自ら成長する機械システムや、勝手に増殖して進化するシステムは作れない。先にみたような、材料さえ入れれば勝手に人間が出来上がる「人間製造機」はいまだに空想の世界である。今までの技術は機械の構成要素や配置をすべて設

計図という形で事前に決めて、そのとおりに組立を行い、予想どおりの動きをつくりだすものである。また農業においても、バイオテクノロジーを駆使して植物が条件さえ整えば成長するという自然界の自己組織能力を最大限取り出すことを行ってきているが、植物や動物をゼロから生み出すことは技術的に成功していない。

　生物は、細胞を自己複製機能で量産しながら、自己組織的に器官や体をつくっている。個体自体は、自己複製しながら進化していく。しかし現在の技術は自然界が当たり前のように利用している「システム自身が自ら生まれ育つ」技術を獲得してない。もし、生物細胞のように自己複製する機械を構築する原理や技術が確立すれば、ものづくりの現場が革新されるとともに、医療などへの貢献も非常に大きなものになると思われる。人工臓器なども簡単につくりだせる時代がくるのではないかと考えられる。必要な時に必要な機械システムを種から成長させて利用できるような技術により、大量生産時代が終焉するのかもしれない。ドレクスラーが『創造する機械』[7]で描いたナノテクノロジーでなんでも作り出せる「万能組立機械」が出現するかもしれない。このように、次の文明のパラダイムシフトの基盤技術は、自己組織化技術、自己複製機械であると考えられる。

　農業革命においては、人類は、野生種の植物のいくつかを農業に適したものに改良することに成功した。そして産業革命においては、エネルギーの利用技術の向上により、大規模な動力を得ることができ、物質の加工度を飛躍的に向上させることが可能となった。次の革命においては、人類は生命をみずから生み出す技術を獲得するのではないかと考えられる。将来、自己組織化技術が社会に浸透し、大きな付加価値を生み出すようになると、農業革命で余剰農産物という新しい富が生まれたように、社会には新たな富が生み出され、人々の生活様式も大きく変化する可能性がある。

　それでは、自己組織化や自己複製の研究は現在、どの程度進んでいるのだろうか。自己組織化技術の点では、細胞に模した機械モジュールが重なって、中央制御無しに目標の形をつくりあげるロボットなどの研究が非常に多く実施されている。また、ナノテクノロジーの研究分野においても、DNAなどの生体分子を利用して、特定の形を自己組織的にくみ上げて部品やメカニズムをつくる技術などが多く報告されている。

また特に自己複製の研究をみていくと次のようになる。生物の細胞などにみられる自己複製現象のメカニズムを数理学的に解明し一般論化することは、ナノテクノロジーなど極微細な領域での分子機械の量産や、人工的な生命の合成（合成生物学）等のさまざまな分野での基本となると考えられる。ここでいう自己複製現象とは、結晶形成など単純なパターンの自己組織的形成ではなく、生物の細胞などに見られる現象を指し、一定の境界を保持しながら遺伝子などの情報を担体するものを含む構造体が自立的に自己と同じものを複製するシステムである。

　このような生物細胞で実現されている自己複製機能を実現することは、工学のあらゆる分野での技術革新につながると考えられる。例えばナノテクノロジーにおいて分子を構成部品として形成される分子機械を量産化する場合、生物の細胞分裂を模して分子機械自体を自己複製させていくことや、細胞内でタンパク質が合成される機構をモデルとした「自己複製する分子機械生産システム」などが考えられる。

　またスペースコロニーなどのような一定規模以上の複雑な機械システムの場合、トップダウン的な設計・構築が困難になると考えられ、生物の自己組織化現象の応用による複雑な機械システムの創発的な構築（ボトムアップ的構築）、自己複製による生産・維持機能の実現が今後求められていくと考えられる。これら機械システムの創発的な構築においては、「機械の細胞」のようなモジュール化された単位が積層されることにより実現されると考えられ、「機械の細胞」を形成するための自己組織化、自己複製、自己修復機能の基本的条件を明確にする必要がある。

　一方で生物学の分野においては、合成生物学という新たな分野が生まれている。これは、細胞における遺伝情報、遺伝子発現機構、代謝ネットワークなどのデータベースを基本に、新たな生命（最小細胞、プロトセル）を化学的に合成することを目指す分野である。このような挑戦においても、細胞のボトムアップ的な形成が必要であり、細胞内の反応ネットワークを明確にするだけではなく、細胞の自己組織化、自己複製のための条件を明確にしていくことが必要である。

　このように現代の科学技術の大きなトレンドは、生物工学においても、ナノテクノロジーにおいても、自己組織化システムの解明と工学的利用という方向に進んでいっているように感じる。生命が誕生したプロセスがより明確になり、人工

的に生物細胞を構築できるようになると、自己組織技術の大きなノウハウを人類が獲得したことになる。人工細胞を生み出し、自律的に複製しながら進化していく「物」(自己複製子、レプリケーター)が工学的に生み出されれば、この技術は、あらゆる分野に進展していき、社会や産業に大きな変革をもたらすものである。もしかすると、38億年前の生命誕生に匹敵する地球史上の大きな事件となるのではないかと考えられる。

しかし、このような自己複製子が人類の制御を超えて増殖してしまうことも懸念されている。自己複製子が無限に増殖して灰色の物質(これは「グレイグー」と呼ばれている)が地上を埋め尽くしてしまい、人類社会や生態系を破壊してしまう危険性が指摘されている。このため、自己複製技術が実現して、新たな人工生物を生み出すことが可能になった場合、それらを制御する技術も併せて検討してくことが必要である。自然界においても、一部の生物が無限に増えて、地球を破壊してしまうことは起きていない。このように、生物が持っているような体内の免疫システムや、生態系における捕食―被捕食関係のような自律制御システムも同時に生み出すことが必要である。地上の生態系に加えて、人類が作り出した人工物による生態系を含めた、地球全体を調和させるシステムが必要である。

自己複製研究のシステム学的・数理学的アプローチをさらにみていくと以下のようになる。

①ノイマン型の自己複製機械の研究(セルオートマトンモデル)

自己複製現象を数理学的側面からアプローチする流れは、半世紀前にフォン・ノイマンが理論的な可能性を証明したことに始まる。これは2次元正方セル空間において、自分と同じ機械を複製する方法をセルの状態と遷移則により実現できることを示したものである[8]。フォン・ノイマンが用いた数理手法は、セルオートマトンモデルと呼ばれるもので、空間上の格子(セル)と単純な規則(隣接するセルの状態によって、次のステップの状態が決定されるという規則群、遷移則という)により計算される離散的モデル(時間と空間が離散化されているモデル)である。非常に単純化されたモデルであるが、生物の形態形成や結晶の成長、流体の流れなどの複雑な自然現象をシミュレーションすることができる。

しかしフォン・ノイマンの自己複製機械を実際にコンピュータ上で再現しようとすると非常に大規模なセル数が必要になり、完全にシミュレーションできたのは 2000 年以降である[9]。さらにノイマンの自己複製機械の万能性（遺伝子にあたる記述テープを書き換えると、どのような形でもつくることができること）を捨てることで、単純な形状が自己複製するシステムをラングトン[10]などが開発したが、このような単純な形状でも遷移則が複雑で、特定の形状の複製に留まっている。その後、遺伝的アルゴリズム等により、自己複製するための遷移則の導出などの研究が行われているが、一般化した遷移則の導出まで至っていない状況である。また実際の 3 次元の連続力学系の空間での自己複製現象のモデル化はほとんど進んでいない状況である。

② 非線形現象、カオスなどの数理学分野からの研究

生命現象に潜む非線形現象やカオス現象の解析もさまざまに進められている。自己複製現象に関連が強いものとしては、グレイ・スコットモデル[11]などの非線形方程式による自己複製現象などが挙げられる。

③ 数理生物学からの研究

生物の形態形成を再現する数理モデルの研究が古くから行われている。代表的な例としては、チューリングモデルによる体表模様の再現[12]や、植物の葉脈パターンの再現などの研究が挙げられる。これらの生物の形態形成モデルに関しては、生物形態の一部を数理モデル化し、形態を計算機上で再現することは行われているものの、遺伝子発現による細胞分化 → 形態形成 → 器官形成 → 機能発現といった流れを統一した方程式やルールに基づいて再現するまでには至っていない状況である。

④ 人工生命の研究

コンピュータ技術の進展により、コンピュータ内に生物に類する現象を再現しようとする人工生命の研究が 1990 年代以降に盛んになった。これらの研究は基本的には上記①②③を基盤としているもので、ロボット等の工学への応用や情報システム構築への応用などが試みられている。また、新たな流れとして、実際の複雑な化学反応を簡略化して、創発的な現象を理解しやすくするため、仮想的で単純な化学反応系をベースに考える「人工

化学」のアプローチも進められている。

　これらの数理的な検討の一方で、生物学的アプローチでの研究も行われている。バイオインフォマティックスの分野において、実際の細胞やDNAの解析をもとに、遺伝子発現メカニズムやタンパク質ネットワークの機構が解明されてきており、タンパク質の反応系のデータベースが各種構築されている。また細胞周期（細胞が分裂する過程）のメカニズムの知見も構築されつつある。分子生物学の今後の方向は、得られたデータから生命体や細胞を再構成する合成生物学へと発展しつつある状況である。しかし反応パスウェイのシミュレーションモデルの構築は進んでいるものの、実際の細胞の3次元形状をそのままコンピュータの中で再構成するまでには至っていない状況である。細胞モデルの先駆的な研究としては、E-CELL[13]などが挙げられる。これらは細胞内の代謝ネットワーク全体を始めてモデル化した研究であるが、細胞の形状の再現や、細胞分裂のダイナミクスをコンピュータ上で再現したものではない。

　また、数理システム学的な研究の流れと数理生物学的な研究の流れを融合するためのシステムバイオロジー分野が興隆しつつある。細胞の自己複製メカニズムの研究においてもこのシステムバイオロジーの流れを受け、数理学的な側面と、分子生物学的側面からの研究の両者の知見を融合し、自己複製現象を実現するための一般化された必要十分条件の導出や、3次元の粒子―反応系で、細胞のような構造体が自己組織化され、自己複製していく現象を再現する研究が求められていると考えられる。

　筆者も自己複製システムのシミュレーションの研究[14]を行っており、その研究を少し紹介する。この研究は、ノイマンに由来する2次元セルオートマトン上で自己複製現象をシミュレートしたものである。セルオートマトンモデルにおいて、自分のセルの状態と隣接セルの状態から決まる遷移則により以下の機能の実現が可能であることを示したものである。
　①細胞膜に類する境界が形成される。
　②内部に情報をもった担体（情報子）を保持し、自己複製することができる。
　③全体の構造を維持しながら細胞のように自己複製して分裂していくことが

できる。

　図3-8にシミュレーションのイメージを示す。この図に示すように、2次元のセルオートマトン空間において、ある状態のセルが数個連続したものを遺伝的な情報コード（以下情報子と呼ぶ）とみなし、これが複製していく遷移則を整理した。さらにこの情報子の周辺に細胞膜が形成され、形が維持されるモデルを考案した。このようなモデルの遷移則を整理しシミュレーションすることで、細胞分裂をイメージした構造体の自己複製を再現したものである。

　セルオートマトンモデルは、隣接セル同士の遷移則のみで、状態がきまるため遷移則と結果の対応が明確にわかるという特徴がある。また、セルオートマトンモデルは、流体などの離散粒子系のシミュレーションにも応用されており、遷移則を実際の空間の粒子が衝突する系や化学反応系に理論的に拡張することが可能となる。このようにセルオートマトン空間で、細胞型の形状の自己複製を実現する遷移則を明らかにし、この遷移則を粒子の衝突・反応系に適用することで、より現実的な空間での自己複製現象を再現することができると考えられる。

　またこの研究では、2次元の6角格子のセルオートマトン空間を考えた。2次元のセルオートマトンは、正方形格子のものを用いることが一般的であるが、以下の理由により6角格子モデルを用いた。

・正方形セルでは自身のセルと8近傍状態によって次のステップの状態が決ま

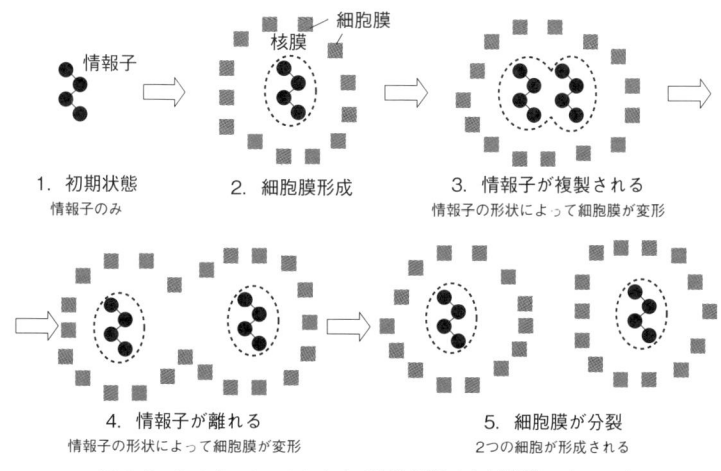

図3-8　セルオートマトンによる細胞形状の自己複製のイメージ

るが、遷移則の数が多くなり、遷移則が複雑になる。6角格子の場合、自身のセルと6近傍状態で決まり、ルールを簡素化できる。
・正方形セルの場合、縦横方向と斜め対角方向ではセル間の距離が違い等方性が保たれないが、6角格子だと等方性が保たれる。

このような2次元6角格子空間において、各頂点をセルとみなし（図3-9）、自分自身と6近傍の状態により、次のステップの状態が決定される遷移則によるモデルを構築した。各セルには状態（0～19の20種類の状態）と、向き（6方向）を属性として保有している。状態は以下のような役割が与えられているとした。

（セルの状態の種類）
   1：遺伝的情報子
    （状態1のみ向き（6方向）を
    保持持している）
   2-10：遺伝的を取り巻く核膜に相当
     する状態
   11-18：細胞内空間を構成する状態
   19：細胞膜に相当する状態

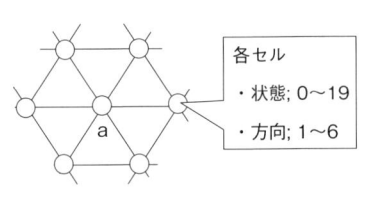

図3-9　2次元6角格子

このような6角格子上で、ある初期状態から計算がスタートする。各セルは自身のセルの状態と近傍の6状態によって次のステップの状態が決まり、遷移は遷移則表に従う。本研究での計算フローを図3-10に示す。

図3-10に示すように、今回の遷移則の適用は、1つのステップを4段階に分けて4つの遷移則表を適用した。4段階とは、細胞壁形成に係る状態遷移、情報子分裂に係る状態遷移、情報子の移動、情報子周囲の膜の形成（核膜様物質の形成）である。すなわち細胞壁形成にかかわる状態遷移ルールを適用し全体の状態が確定したのちに、情報子間の分裂に係る遷移ルールを適用し、その後に移動の遷移ルール、核膜様物質形成の遷移ルールの適用を行った。

このようなセルオートマトン系の遷移ルールでは、目的の状態遷移を起こすために、不要な副作用を起こす場合が多く、一度に完全な遷移ルールの発見が困難であったため、遷移ルールの発見を容易にするため、自己複製の再現を4段階に

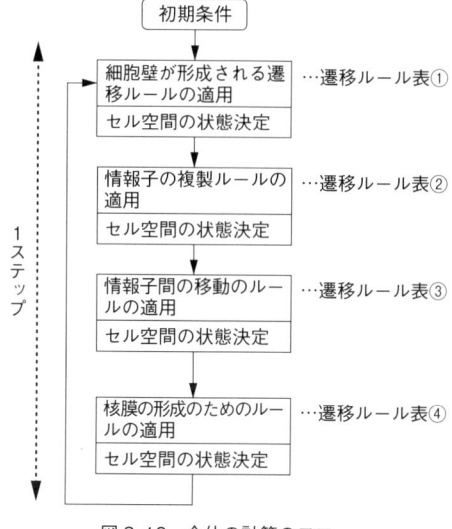

```
          ┌─────────┐
          │ 初期条件 │
          └────┬────┘
               ▼
     ┌──────────────────┐
     │細胞壁が形成される遷 │ …遷移ルール表①
     │移ルールの適用     │
     ├──────────────────┤
     │セル空間の状態決定  │
     └────┬─────────────┘
          ▼
     ┌──────────────────┐
     │情報子の複製ルールの │ …遷移ルール表②
     │適用               │
     ├──────────────────┤
     │セル空間の状態決定  │
     └────┬─────────────┘
          ▼
     ┌──────────────────┐
     │情報子間の移動のルー│ …遷移ルール表③
     │ルの適用           │
     ├──────────────────┤
     │セル空間の状態決定  │
     └────┬─────────────┘
          ▼
     ┌──────────────────┐
     │核膜の形成のためのル│ …遷移ルール表④
     │ールの適用         │
     ├──────────────────┤
     │セル空間の状態決定  │
     └──────────────────┘
```

図3-10　全体の計算のフロー

わけて実現した。

　各セルの状態量は、当該セルと隣接する6近傍のセルの状態数によって書き換えられる。遷移則は表3-1のようになっている（紙面の都合上、一部の表のみ掲載）。遷移則を作る方法については、現状では一般化された手法が見つかっていないため、一定の法則に従って自動的に遷移則を導出する方法がない。このため、目的の現象の再現を目指して、遷移則の設定と動作の確認をしながら揃えていく方法をとった。また不必要な副作用反応への対応をするための遷移則も同時に設定した。

　細胞的な形状の自己複製を実現するための遷移則は他にもいくつもある可能性が高く、ここに示したものがすべてではないと考えられる。また境界上のセルは、反対側の境界に連続している（周期境界条件）として処理した。

　図3-11に示すようなセル全体が状態16となっており、中央部に情報子となる状態1が3つ連なっている状態を初期状態とした。本モデルにおいては、遷移ルールが固定されており、遷移ルール以外のパラメータ等が存在しない

図3-11　初期状態

表 3-1　遷移ルール（細胞壁の形成、その他）（一部）

	中心セル	6近傍セル	中心の遷移	捕　捉
1	≠①〜⑧	①≧1	③	核膜の形成
2	⑯	③〜⑨≧1	⑩	核膜から細胞壁への反応
3	⑯	⑩≧1	⑪	〃
4	⑯	⑪≧1	⑫	〃
5	⑯	⑫≧1	⑬	〃
6	(⑯ or ⑱ or ⑲)	⑬≧1	⑭	〃
7	(⑯ or ⑱ or ⑲)	⑭≧1	⑮	〃
8	(⑯ or ⑱ or ⑲)	⑮≧1	⑲	細胞壁の形成
9	⑩	(③≧1) and (⑪≧1)	⑰	細胞内空間の反応
10	⑩	(⑤≧1) and (⑪≧1)	⑰	〃
11	⑩	(⑥≧1) and (⑪≧1)	⑰	〃
12	⑩	(⑦≧1) and (⑪≧1)	⑰	〃
13	⑩	(⑧≧1) and (⑪≧1)	⑰	〃
14	⑩	(⑨≧1) and (⑪≧1)	⑰	〃
15	⑩	(⑰≧1) and (⑪≧1)	⑰	〃
16	⑪	(⑰≧1) and (⑫≧1)	⑰	〃
17	⑫	(⑰≧1) and (⑬≧1)	⑰	〃
18	⑬	(⑰≧1) and (⑭≧1)	⑰	〃
19	⑭	(⑰≧1) and (⑮≧1)	⑰	〃
20	⑮	(⑰≧1) and (⑲≧1)	⑰	〃
21	⑰	(⑲≧1) and (①〜⑭<1)	⑱	〃
22	⑰	⑱≧1	⑱	〃
23	⑱	⑲≧1	⑩	細胞壁から核膜への反応
24	⑩	(⑱≧1) and (⑲≧1)	⓪	〃
25	⑩	(⓪≧1) and (⑲≧1)	⓪	〃（副作用防止）
26	⑱	⑰≧1	⓪	〃
27	⑱	(⓪≧1) and (③〜⑨≧1)	⓪	〃
28	⓪	(③〜⑨≧1)	⑯	〃
29	⓪	⑯≧1	⑯	〃
30	⑩〜⑮	(⑰≧1) and (④〜⑨≧1)	⑰	〃（副作用防止）
31	⑩〜⑮	(⑰≧3) and (④〜⑨<1)	⑰	〃（副作用防止）
32	⑱	(⓪<1) and (⑰<1)	⓪	〃（副作用防止）
33	④〜⑨	(⓪≧1) and (①<1)	⓪	情報子間の不要物除去
34	⑲	(⑯≧1) and (⑲≧1) and ((⑯+⑲)=6)	⑯	余分な細胞壁の除去

・丸印のついた数字は、各セルの状態を示す。（⓪は状態0のセル、①は状態1のセルなど）
・条件の記述方法；例えば「①≧1」は6近傍に状態1のセルが1つ以上あることを示す。

め、条件設定として可能なものは初期状態の設定のみである。

図3-12は実際に2次元のセル上でシミュレーションを実施した結果である。およそ80個の遷移ルールと20の状態を用いて自己複製過程が計算できている。この研究によって、従来の自己複製機械は、非常に複雑なノイマンによるものか、ラングトンのような非常に簡単な形状の自己複製機械しか実現できなかったが、より細胞に近い形状の自己複製現象を初めて示すことができた。さらに、隣のセルの状態によって自分の次の状態がきまるという遷移則のみで、全体の構造を維持しながら細胞のように核をもった構造が自己複製していく現象を実現できた。これは必ずしも自己複製の必要十分条件をすべて明らかにしたものではないが、この研究で明らかになった遷移則を離散粒子反応系や連続空間における粒子反応系に応用することにより、より現実に近い力学的な環境および化学反応系の環境での自己複製現象の再現につながるものと考えられる。

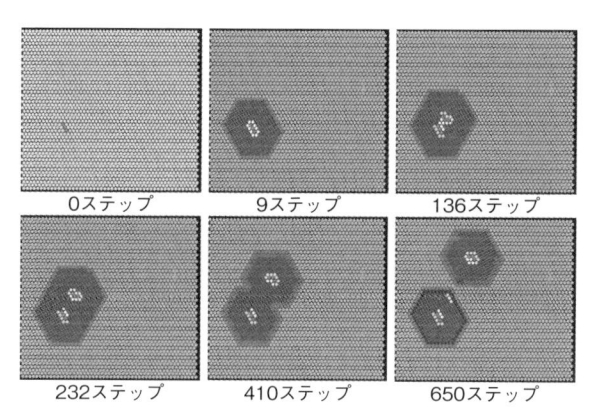

図3-12 2次元セル空間での細胞分裂モデルの計算

今回のモデルでは、遷移則の数がそれほど多くないため、それぞれの遷移則を、分子の化学反応に置き換えることで、実際の生化学反応の世界での自己複製現象のモデルの構築が可能になっていくと考えられる。さらにその次の段階では、実際の試験管の中で、自己複製するシステムを実現することが目標である。これが進めば、人類は初めて人工的に自己複製する機械の技術を獲得できることになる。

一方で、ナノテクノロジーや分子機械の分野では、自己複製するナノマシンが暴走し、制御できなくなると、自己複製機械の塊である「グレイグー」が地上を

覆い尽くしてしまうのではないかということが懸念されている。単に複製する技術だけではなく、生物界では生態系のバランスの中で、さまざまな生物の自己複製が調整されているように、人工の自己複製マシンの分散的な制御技術も考えていく必要がある。

〔引用・参考文献〕

1) 松田卓也『2045年問題―コンピュータが人類を超える日』廣済堂出版（2013）
2) エリック・ブリニョルフソン、アンドリュー・マカフィー『機械との競争』日経BP社（2013）
3) 槌田敦『熱学外論―生命・環境を含む開放系の熱理論』朝倉書店（1992）
4) 藤子・F・不二雄『ドラえもん　第8巻』小学館（1975）
5) クリス・アンダーソン『MAKERS―21世紀の産業革命が始まる』NHK出版（2012）
6) クリス・アンダーソン『ロングテール―「売れない商品」を宝の山に変える新戦略』早川書房（2006）
7) K. エリック・ドレクスラー『創造する機械―ナノテクノロジー』パーソナルメディア（1992）
8) J. von Neumann; Theory of Self-replicating Automata, University of Illinois Press, 1966.
9) D. Mange, A. Stauffer, L. Peparodo, and G. G. tempesti; A Macroscopic View of Self-Replication, Proceeding of the IEEE, vol.92, No.12, Dec. 2004.
10) C. Langton ed, Artificial Life, 1/48, Addison-Wesley, 1989.
11) P. Gray and S. K. Scott; Autocatalytic reactions in the isothermal, continuous stirred tank reactor: oscillations and instabilities in the system $A + 2B \rightarrow 3B, B \rightarrow C$, Chem. Eng. Sci., Vol.39, 1087-1097, 1984.
12) A. M. Turing; The chemical basis of morphogenesis, Phil. Trans. Roy. Soc., 237, 37-72, 1952.
13) M. Tomita, K. Hashimoto, K. Takahashi, T. Shimizu, Y. Matsuzaki, F. Miyashi, K. Saito, S. Tanida, K. Yugi, J. C.Venter, C. Hutchison; E-CELL: Software environment for whole cell simulation, Bioinformatics, Vol.15, No.1. 1999.
14) Takeshi Ishida, Simulating self-reproduction of cells in a two-dimensional cellular automaton, Journal of Robotics and Mechatronics, Vol.22, No.5（2010）, pp.669-676.

〔参考文献〕

長谷川貴彦著『産業革命　世界史リブレット』山川出版社（2012）
マルティン・イェーニッケ、ミランダ・A. シュラーズ著『緑の産業革命―資源・エネルギー節約型成長への転換』昭和堂（2012）
奈良先端科学技術大学院大学『ひかりエネルギー革命―グリーンフォトニクス』ケイ・ディー・ネオブック（化学同人）（2012）

第4章 文明を「設計」できるか？

　これまで文明をエネルギーと物質の流れという視点でみてきた。特にエントロピーやエクセルギーという切り口で社会の要素を整理して、文明の構造を図に表すことを試みてきた。それでは、将来の文明パラダイムシフトがきた場合の社会構造の変化の図を描くことはできないだろうか。いわば、未来の文明の設計図をつくることはできないだろうか。

1．文明の将来予測；予測の可能性と限界

　書店や図書館にいくと、将来の経済や社会を予測する本をたくさんみることができる。近未来から遠い将来まで、未来を予測する本は、過去から現在まで、非常に多く発行されてきた。それらは予言的なもの、呪術的なものから、個人の専門的経験を基礎にしているもの、数理的な手法をつかって近未来を予測するものなどさまざまである。ウィリアム・シャーデン著の『予測ビジネスで儲ける人びと』[1]では、さまざまな分野でさまざまな専門家が「予測」を行っており、そのビジネス規模は、アメリカだけで2,000億ドル（この本の刊行は1998年なのでその頃の数値）になるそうである。

　このように予測がビジネスになり、書籍が沢山刊行されるのは、未来を知りたいという願望が古今東西変わらないことによるものである。未来を知ることができれば、不安を少なくすることができるし、大きなビジネスチャンスをつかむこともできる。特にシンクタンクと呼ばれる業界は「将来予測」が大きな商品になっている。

　筆者も財団法人日本システム開発研究所という財務省（大蔵省）系のシンクタンクで、調査研究を1990年代から2000年代初めまで行っていた。特に環境・エネルギー分野の調査研究にたずさわってきており、中央官庁からの発注で、20〜

30年後の省エネルギー量の予測や、CO_2の排出量の予測や、さまざまな対策を実施した場合のCO_2削減可能性についての多くの未来予測をした。予測をしたというよりは、予想を「作った」といったほうが正しいかもしれない。もちろんいい加減な数値を作ったわけではなく、統計等による根拠のある数字を用いて、根拠のある方法によって、将来の数値を求めるものである。このため、嘘ではないが、しかし将来のことであるので、当たるともかぎらない。シンクタンクの商売は、数値が算定できれば対価がもらえる。必ずしも当たらないと報酬がもらないとうわけではないのである。当たらなくても大丈夫なら気楽であるといえるかもしれないが、それらの数値をもとに、環境政策などが決められるので、数値の間違いは許されない。当時の職場では、数値の間違いがないかと日々緊張の連続であったことが思い出される。

　また、将来を数理的に予測するという場合、さまざまな数学的手法があるが、過去の傾向をそのまま将来に延長して予測をする手法を用いている報告書も多かった。1990年代初めまでは、経済も右肩上がりで拡大してきたので、過去の流れをそのまま未来に当てはめる「トレンド予測」もあながち嘘ではなく、当時の人間には嘘っぽくみえなかった。2000年代に入ると日本経済の停滞で、「トレンド予測」だとさすがに現実とも合わなくなり、経済成長率などの見通しなどを現状維持と仮定して将来を予想するという報告書が増えてきたように思う。このように、「将来予測」の商品価値は、その時の人間に対して嘘っぽくないものが作れれば成功であるのかもしれない。

　それではこのような未来の予測は当たるのであろうか。筆者も1990年代に2010年のCO_2排出量の予測などを随分計算したが、実際に2010年になった時に予測を比較してみると、当然のことながら当たっていない。当時の予測では、日本経済はさらに成長し、CO_2の排出量も増えるが、次世代のエネルギーシステムが華々しく導入されて、CO_2排出量はそれほど増えないという予測であった（もちろん数値できちんと予想している）。しかし、その後の経済の停滞や、技術導入の停滞などで、予想した世界とは違ってしまっている。予測するときにも当然、将来の不測の事項を考慮して、いくつかの将来シナリオを描いて、複数の将来予測を算定する場合が多い。仮に近い数字が出ていたとしても、いくつもあるシナリオのうち一つが偶然に当たった可能性が大きい。

人間社会の将来をコンピュータシミュレーションで最初に示したものは、ドネラ・H. メドウズの『成長の限界』[2]ではないかと考えられる。ローマクラブの委嘱によりマサチューセッツ工科大学（MIT）のメドウズを主査とする国際チームがシステム・ダイナミクスと呼ばれる手法を使用してとりまとめた研究で1972年に発表された。システムダイナミクスは、時間の経過に伴って変化する現象を数式モデルで表現し、コンピュータの中で仮想的な現実モデルを作り、時間の経過による変化を分析するものであり、現実の問題に対処するための改善策、解決策を追究していくための手法の一つである。

この研究では社会活動や資源や公害などの要素を考え、世界全体のシステムをモデル化している。人口と工業投資がこのまま幾何級数的に成長を続けると、地球の天然資源は枯渇し、環境汚染は自然が許容できる範囲を超えてしまうことが予想された。そして100年以内に成長は限界点に達するという結論に達している。しかし同時に、この成長を生み出している人口や資本のフィードバックループを抑制するというアプローチをとれば、将来長期にわたって持続可能な社会を維持できることも可能であるとしている。なお、同じ著者により、この本の続編ともいうべき本（『限界を超えて』(Beyond the Limits)[3]）が1992年に発行されている。

メドウズの予測から40年ほどが経過しており、世界は予測のとおりの数字にはなっていないが、世界はピークに達するという傾向は、ほぼ当たっているのかもしれない。一方で未来は偶然の積算で進んでいくため、不確定の要素が非常に大きい。また、経済などの活動などは非線形システムであるため、わずかな初期値の変化が、大きな変化を生み出すという「バタフライ効果」もあるため、ウィリアム・シャーデンの先の著書で言われているように「すべての予測は予測はずれに終わる」というのも当然であると考えられる。

しかし、正確な数値を予測できなくても、確率的な傾向や、将来なりえる状態の可能性をみていくことは、有効ではないかと考えられる。これからも未来を予測する本が刊行され、占い師やシンクタンクも商売を続けていくだろう。「Xイベント」のように世界の破たんが見てみたいという願望から本が刊行されていく。古来、未来を予測するのは、人間が自然に翻弄されてきて、少しでも安心がほしいということである。地震予知も同じである。地震が起きる正確な日時が

予測できないからといって地震研究の意味がないのではなく、起こりえる地震の規模などを予め推定しておくだけでも、大きな減災につながっていくと考えられる。

2.「予測」から「設計」へ；文明の設計図を描くという発想

　ここまで文明の生死や進化、いわば文明の「生態学」についての知見をまとめてきた。人類は、過去のいずれの時代よりも文明に関する知見の蓄積が成され、その盛隆の条件、衰退の条件などを分析し、文明についてよりよく考えられるようになった。さらに文明をエネルギーや物質の流れからも分析できるようになってきた。

　前章までみてきたように、文明の誕生や死は、社会条件などがいくつかそろったときに、自然発生的に生まれ、また衰退していくという歴史観が主流である。しかし、これだけ文明にかかわる知識が得られたのだから、人類が自ら文明の形を設計できるようにはならないのだろうか。

　ワトソンとクリックがDNAの螺旋構造を発見して以降、分子生物学が急速に発展してきて、生物の仕組みの解明が分子レベルで進んできた。生物の仕組みに関する知識が急速に増えてきている。これらの生物の仕組みに関するデータベースを用いて、生物を有機物から「合成」できなかという「合成生物学」という分野が現在新たに生まれている。人工的な細胞（プロトセル）を合成できる可能性も近いといわれている。

　生物も自然発生的に生まれ、偶然の積み重ねで進化してきた。しかし現在、科学知識の蓄積とともに、生物工学（バイオテクノロジー）を用いて、生物を人類にとって都合がよいようにさまざまな改良を行うことができるようになってきている。農耕が開始されて以降、人類は自然の植物や動物の改良を行い、食糧に適した品種や家畜をつくってきた。さらに分子生物学や遺伝学の進展により、生物の遺伝子の組み換えや制御が可能となってきており、遺伝子組み換え食品などがさまざまに商品化されている。このように、人類は、生物の進化の未来は予測できないが、生物を改良したり、合成したりすることで、自らに適したものにすることできる。

生物に関する科学知識の蓄積とともに、人類が生物を「設計」できるようになりつつあるのと同様に、文明に関する知見を活用して、不確定で試行錯誤の連続の文明の発展を制御して、文明の形を設計・解析するという文明の「設計」ができないだろうか。いわば「文明設計工学」という分野を新たに提案できないかというのが本書のメインテーマである。文明も生物のように生死を繰り返し、進化してきたものであれば、バイオテクノロジーのように工学的にその形を改変し、さらに設計することができるのではないかと考えられる。

バイオテクノロジーにより、自然界の自然淘汰による進化のスピードに比べて、はるかに速いスピードで、生物の改良（進化）が可能となったように、文明の設計により、文明の自然淘汰に頼らず、文明進化の速度を加速することができるのではないだろうか。

機械をつくるうえでは、その設計に関するノウハウを蓄積して体系化した「機械設計」という専門体系がある。これと同じように、文明に関する科学的知見を踏まえて、文明を設計するための専門体系（学問体系）を用意することを検討していくことを考える。またこれを考える前に、文明設計工学に近いと考えられる既存の学問分野をいくつかみていこうと思う。それは、「地球工学」、「社会工学」、「都市工学」の3つである。

①地球工学

地球の気候システムを工学的に改変する手法を研究する分野である。特に地球温暖化などの気候変動を緩和することができないかということから、近年注目をされてきている。かなり以前から研究されてきているが、気候を人為的に改変するということに対して、予想外の結果をまねくことへの危惧から、気候研究の主流になっていなかった。地球工学に関しては、さまざまなアイデアが提案されている。例えば、宇宙空間に太陽光を遮断するスクリーンを多数打ち上げて、地球に降り注ぐ太陽光の量を制御することや、成層圏に硫黄酸化物などのエアロゾルを散布し、太陽光を遮断する技術などがある。しかし、極めて複雑で非線形なシステムである地球の気候システムをいじるのはかなり危険があり、思わぬ副作用で気候が望まない方向に変化する可能性があり、いずれのアイデアも実用化されていない。

地球工学と似た分野で、「テラフォーミング」という研究分野がある。これ

は火星などの惑星を改良し、地球と似た環境に改変するという研究である。特に、火星を地球のような惑星に改良することが科学的に真剣に議論されている。火星は惑星が誕生してしばらくの間は海があったと考えられており、大量の水が地面の中で永久凍土のような形で存在していると考えられている。現在の火星の気温は非常に低いが、これをすこし温めることができれば、火星の地上面に水を戻し、海を再形成することが可能であると考えられている。火星を温めるためには、火星の土などから合成したフロンガスを用いる。フロンガスは強烈な温室効果作用をもったガスであり、同じ体積であれば、CO_2の数百倍から数万倍の温室効果を引き起こす作用がある。フロンガスにより火星の気温を数度上昇することができれば、火星の極地にある大量のドライアイスが溶け出し、大気中の二酸化炭素の濃度が急激に上昇する。この二酸化炭素が更なる温室効果を生み出し、地面の中の氷を解かすことが可能となる。地表に水がもどると、大気中の水蒸気が増加して、さらなる温室効果が起き、火星に海が形成され人類が居住可能な温度に近づけることが可能となる。次の段階としては火星の海に植物プランクトンなどを移植し、大気中に酸素を増やしていく工程へとつながる。このようにして、数百年から千年程度かけて、火星を地球と似た環境に改変することが議論されている。

このような地球工学やテラフォーミングは、地球や惑星の気候システムを中心とした議論であり、人間活動はあまり考慮されていないが、人間活動が気候システムのバランスを崩すほど大きな規模になってきた以上、次の文明は、気候システムを制御して、地球というシステムと文明のシステムを調和させる技術が必ず必要になってくると考えられる。

②社会工学

専門分野として確立された体系は未だ存在していないようであるが、社会、都市、経済などの社会問題について、数理的なアプローチによって解明し、政策的なオプションを提示する分野として「社会工学」という分野がある。従来、社会のさまざまな問題は、「社会学」が取り扱う分野であった。ここに工学的な知見を取り入れて、いわば社会を設計したり、制御したり、予測したりできないかという考え方である。筆者が以前に勤めていた、財団法人日本システム開発研究所は、システムズ・アナリシスなどの科学的手法を開発・応用し、国

家の予算編成システムの自動化などができないかという発想から生まれた研究所である。国家予算の編成は、ほとんどが人海戦術であり、政治的な要因も加わりながらきわめて人為的に決まっていくのが通例であるが、これを科学的な知見から最適な予算配分を計算機で求めることができないかというものである。残念ながら、筆者が研究所に在籍しているときには、この研究をしている研究者はいなかったようで、組織の目標としてだけ残されていたようであるが、このようなものも社会工学的なアプローチの一つである。このように本書がめざす「文明設計工学」も、これらの社会工学の知見を応用していくことが可能ではないかと考えられる。

③都市工学

都市の構成を計画、設計するための分野であり、建築学や土木工学の延長線上にある分野である。しかし単に建築学や土木工学に限らず、人間が安全・快適に過ごすことの出来る都市を構築するために、環境工学、交通工学、経済学、社会学など都市に関連するさまざまな分野の知見を統合していく分野であると考えられている。文明設計工学を、都市国家をつくるための工学というように狭い定義をすれば、ほぼ都市工学と同じになると考えられる。しかし本書の文明設計工学は、地球全体のシステムを対象として考えていくため、都市工学をその中に含むものの、同じものではない。また文明設計工学も、もし体系化できれば都市工学のように学問分野を横断する複合的なものになると考えられる。

3. 新しい地球の姿を設計図として描く方法；システム工学の手法の利用

本書では、次の文明のパラダイムシフトを設計図という具体的な形で表すことを主題としているが、そもそも設計とは何かを少し解説する。機械工学の教科書をみると、機械設計とはおよそ以下のような定義で書かれている場合が多い。「必要な働きをするように機械構造や仕組みを考え、これらの構造や仕組みを構成する要素を部品という形で、その形状・寸法・材料・加工法などを決め、図面の形で表すこと。」

いずれにせよどのような製品や機械を設計する場合でも、設計を行う場合はかならず、「設計目標」と「仕様」が定められる。仕様は、設計する機械が持つべき性能（これを要求性能という）をまとめたものである。例えば、自動車を設計する場合では、「5人乗りが可能」とか「時速300km/hまでスピードが出せる」、「電気モーターで走る」などの車に求められる性能である。

また設計においては仕様が決まった後、いきなり図面を書くのではなく、最初に概念設計を行う。概念設計では、要求仕様に合わせて、機械の大まかなデザインや構造を書きだす。例えば自動車であれば、4つのタイヤを持ち、電動モーターとバッテリーの配置が考えられ、シートが5つ配置されているなどのラフデザインを描き、車の形をスケッチするような段階である。

これらでおおよその形が決まると次に「基本設計」という段階になる。基本設計では、概念設計できまったおおよその形状をさらに細かく部品の単位に分解していく段階である。例えば、車の車体の形の決定し、車体を構成するためには、いくつの部品を組み合わせて所定の形をつくるか、あるいはモーターの大きさを具体的に決定し、モーターを保持する部品の形状を考えていく段階である。

最後に「詳細設計」という段階で、部品それぞれの図面を仕上げていく。自動車の車体を構成する部品の設計図を描き、素材、精度、生産方法などを細かく規定してく段階である。

また、これら「概念設計」、「基本設計」、「詳細設計」の手順は、一度では済まない。多くの場合は、概念設計と基本設計の間を行き来しながら、問題点や性能、利便性の向上を図り、ある程度基本設計が完成したら、今度は基本設計と詳細設計の間を行き来しながら、詳細な形を決定していく。時としては、詳細設計の段階で問題点がみつかり、概念設計まで戻ることもあり得る。このように、設計は全体の概念から詳細な設計へ段階を踏んで進んでいくものである（図4-1）。

また、設計という分野は機械に限らず、電気回路の設計や、プラントのシステ

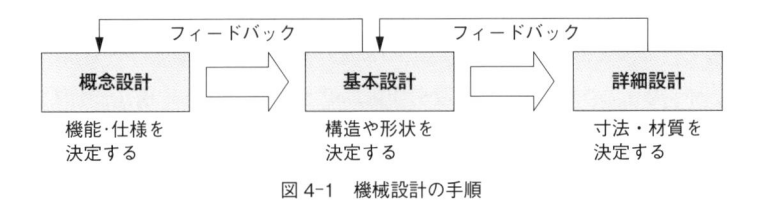

図4-1　機械設計の手順

ム設計や、情報システムの設計などの分野があり、それぞれの分野で設計のための技術的な体系が出来上がっている。エネルギーシステムの設計においては、概念設計として、設計図のような形を描くのではなく、エネルギーの流れをブロック線図で描く方法が一般的である。図4-2にエネルギーシステムの一種である、コージェネレーションシステムのシステム設計図の例を示す。コージェネレーションシステムとは、一つのエネルギー源から二つ以上のエネルギーを取り出すシステムである。例えばエンジンを稼働させた場合、発電機を回す動力エネルギーなどの他に、エンジンからは多くの排熱が発生している。この排熱を給湯などに有効利用するシステムである。

　図4-2は、図の左から右へと矢印にそってエネルギーシステムを構成する機器の間での電力や熱などのエネルギーの流れを示したものである。ここでは具体的な機器の物理的な配置を決めているものではなく、これらの図により、建物が必要としている電力量（電力需要）や冷房規模（冷房需要）から図って、それぞれの機器間で流れるエネルギーの量を「設計」するためのものである。これにより、機器の容量や数などが決定され、その次の段階で具体的な機器の配置や配管が設計されていくことになる。

　このように、エネルギーの流れをブロック線図で作っていくシステム設計は、ものの形ではなく、エネルギーや物質の流れを図で表すものである。エネルギーを情報に置き換えれば、情報システムの設計図になる。

　本書でめざす文明の設計は、ローマの水道の配置を計画することや、ローマに続く道路を設計することではなく、また詳細な都市機能の配置を決めるものではない。本書での文明の設計は、地球規模のエネルギーと物質の循環を再計画し、

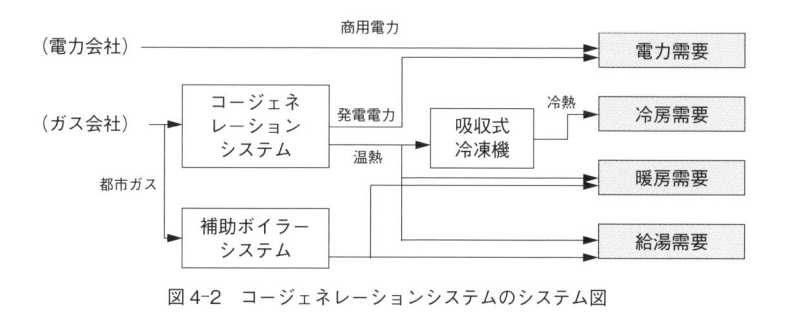

図4-2　コージェネレーションシステムのシステム図

100億に近い人類が豊かに暮らしながら、地球システムの恒常性も維持できる、次世代の産業や文明の姿を明らかにするものである。このため文明設計は、機械設計の図面を描くというよりは、エネルギーや情報の流れを考えるシステム設計に近いイメージになると考えられる。次節以降では、システム設計図をイメージして文明の姿（ラフデザイン）を創っていく。

　また現在のシステム設計ではコンピュータを用いて、各種の数理技術が駆使されている。数理計画法やシステムシミュレーションなどがそれで、それぞれの要素を結ぶ最適な組み合わせや、経路を計算することが可能であり、一定規模以上の複雑なシステムは、計算機に頼らざるを得ない。それではこのような数理的な技術やシミュレーション技法は文明設計で使えるのだろうか。残念ながら本書では文明設計工学の提案の段階であり、数値的なシミュレーションで文明の構成を導出するところまでは取り扱わないが、将来の課題としては、数値的な検討もできる「文明設計工学」を体系化していきたいと考えている。

　ところで文明設計と前節の未来予測モデルとの違いは何だろうか。現在までに『成長の限界』を始めとして、シミュレーション技術で世界の将来を予測する多くのモデルが開発されてきた。特に経済学の分野では、将来の景気動向を予測するシミュレーションモデルが各種開発されている。このような社会経済について世界全体をモデル化したものは「世界モデル」と呼ばれている。また近年は地球温暖化に関係して、数十年後の将来の気温予測などもスーパーコンピュータが利用され、各国で研究が進められている。

　しかしこのような世界モデルの限界は、世界を構成する要素や各パラメータ間の関係を数式で表しているため、関連する要素自体が大きく変化することや要素間の関係が大きく変わる構造変化、すなわち「パラダイムシフト」を明示的に予測できないことである。現状の世界が、大きく構造変化しないという仮定のもとでの、比較的な短期間の予測では有用であるが、狩猟時代から農耕文明への変化や、産業革命による社会システムの変化などを予測することはできない。また予測が長期になればなるほど、非線形システムの特有の予測不可能性が強くなっていく。一方で文明工学は、将来を予測するものではなく、文明のパラダイム変化後のあるべき形、望ましい姿を考えていくものである。

4. 次の文明の設計目標と設計仕様

　機械設計でも情報システムの設計でも、何かを設計する場合にはまず設計目標が掲げられ、設計仕様が決められる。文明の設計でも、まずは設計目標を定める必要がある。機械設計でも情報システムでも、設計目標はその時の機械やシステムが置かれている課題や社会的な要請から決まることがほとんどである。例えば、地球温暖化防止の社会的な要請から「まったくCO_2を排出しない自動車をつくる」などの目標設定である。同じように文明の設計目標を定めるには、現状の文明がおかれている課題を整理する必要がある。現在の文明の課題を列挙すると以下のようになる。これ以外にも課題はあると考えられるが、大きな課題に絞ればという前提では合意していただけると思う。

・人口問題、人口の高齢化
・食糧問題
・水問題
・貧困
・エネルギーの供給の上限（化石燃料の枯渇）
・環境問題（温暖化、生物多様性、廃棄物など）
・地域紛争

　次の文明のパラダイムシフト後の姿としての設計目標は、これらの地球的課題を解決することである。もう少し具体的には、人類の社会システムを、地球の気候・海洋システムや生態系との共存・融合を実現しつつ、大規模な人口を豊かに支えるエネルギー・物質循環を持続的に成立させる形を見いだすことであるといえる。

　機械設計においては、設計目標の次には、具体的な要求性能がまとめられる。同様に文明設計においても、次世代の文明に求められる要件（要求性能）をまとめておく必要がある。具体的に思いつくところを列挙すると、次のようになる。

［文明の設計仕様］
　①100億程度の人間を支える食糧を供給できる永続的な農業基盤
　　（地球の環境システムを破壊せずに、一定水準以上の食生活環境を全人類

に提供すること）
②永続的なエネルギー供給（エネルギー問題からの解放）
　（すべての人類が先進国並みのエネルギー消費をしても、数百年から千年程度は持続できるエネルギー供給基盤を提供すること）
③地球システムとの調和
　（地球の気候システムなどと人類の文明を調和させること）
④高齢化への対応
　（今後100年を考えると世界的に人類の高齢化が進んでいく。労働力人口の減少でも豊かさを維持すること）

　また、これらの仕様は表面的な条件を列挙したものであるが、設計する上で構造的に考慮しなければならない点は、地球という有機的な自律調整システムを破壊せずに、文明システムを組み込み、持続的に維持していくことである。このためには、文明自体にも生物のような自律調整システム機能を保持させて、地球と生態系と文明のそれぞれが自律調整しながら全体として調和するような共生システムが構築される必要があると考えられる。
　自律分散システムとは、システムの内に全体を制御・統治する中心となるものが存在しなくても、分散している構成要素の相互作用から、システムの自立性、調和が生み出されるシステムのことである。自律分散協調システムともいう。これらの例としては、代表的なものが生命である。生命は、隣接する細胞同士の協調により生命を維持している。すべての細胞の動きを脳や遺伝子が制御しているわけではないが、生命活動が維持されている。また、生態系も、極めて多くの種類の動植物の関係から生態系が成立している。どこかに生態系全体を管理・制御する「神」がいるわけではない。人類が構築した自律分散システムでイメージしやすいものは、インターネットである。ネットにつながった数十億台のコンピュータにより、全体が維持されている。インターネット全体を制御する中央センターは世界中のどこにもいない。
　そして、地球そのものも自律分散システムであると提唱したのが、イギリスの科学者であるジェームズ・ラブロックである。ラブロックが地球の自己調整システムを思いついたのは、惑星探査で地球外生物を見つけ出すNASAのプロ

ジェクトからである。地球の大気は、火星や金星などの惑星と異なり、20数%の酸素を含んでおり、長い地球の歴史を通じて維持されてきている。この間、巨大隕石の落下や氷河期・間氷河期の気候変動などの激しい変動に耐え、維持されてきている。このような酸素を一定レベルに保つ機能から、地球というひとつの生命体の自己調節システムという概念が生まれた。酸素は非常に反応しやすい物質であり、なにもしなければさまざまなものを酸化させて、大気中にはほとんど存在しないはずである。しかし地球は生態系との間で有機的な持続システムを構築し、大気中に一定の酸素を保持しつづける能力がある。今、この瞬間に地上の生物がすべていなくなった場合（微生物も含めてすべての生物がいなくなった場合）、青い地球は短期間のうちに、赤い火星のような星になってしまうとラブロックは述べている。青い地球に生物が誕生したのではなく、生物がいるから青い地球が維持されているのである。ラブロックはこの地球と生命系の有機的システムを、ギリシャ神話の大地の女神の名をとって「ガイア」と名付けた。発表当初は科学界で異端扱いされていたが、地球環境の観測データや知見が蓄積されることにより、ガイアという概念は広く科学者にも受け入れられるようになってきている。当初は自己調整システムについては、地球のどこで「調整会議」が開催されているのかなどの皮肉をこめた批判が多くあったようであるが、どこかの誰かが調整役をしなくても、全体が調整できることを「デイジーワールドモデル」という簡単なモデルでラブロックは証明した。

デイジーワールドはジェームズ・ラブロックとアンドリュー・ワトソンが1983年に発表した論文で紹介されたものであり、架空の惑星を想定したモデルである。この惑星には黒と白の2種類のデイジー（花）の種のみが存在し、それ以外の生物は存在しないと仮定する。白いデイジーの花びらは白く光を反射する。一方黒いデイジーの花びらは黒く光を吸収する。どちらの種も環境の温度に対して同じ成長曲線を描くが、黒いデイジーは太陽光の熱を保持する性質があり、結果として周りの大気を温める能力が高い。惑星表面での花の分布をシミュレーションしていく。このとき太陽系の太陽と同様に恒星の光の強さが年を経るごとに少しずつ高くなると設定する。このため、惑星にまったくデイジーがなければ、恒星の光の強度に比例して惑星表面の温度も上昇するはずである。しかし地表にいくつかのデイジーを配置してシミュレーションを始めると、恒星の光が

まだ弱いため、初期のデイジーワールドは非常に寒く、黒いデイジーはわずかに生き残るものの、白いデイジーはほとんど生き残れない。恒星の光度が増して惑星の温度が上がっていくと、まず黒いデイジーが赤道付近で繁殖していき、大気に太陽熱を蓄積していく。このため惑星の温度はさらに上がり、さらに黒いデイジーが繁殖し、さらに温度が上がっていく。ある温度以上になると、黒いデイジーには暑すぎる環境となり、周囲を冷却する効果のある白いデイジーが繁殖するようになる。温度が上がったときは白いデイジーが増えて温度を下げる働きをし、温度が下がったときは黒いデイジーが増えて温度を上げる働きをする。この状態は非常に安定しており、恒星の光の強度がある範囲で変化しても地表温度が一定に保たれていることが計算できる。すなわち、惑星全体として恒常性が維持され、デイジー自身が繁殖しやすい気候条件を作り出していると考えることができる。

一方で、文明を設計するうえでの一つの大きな課題は、科学はまだ自律分散システムを完全には設計できるノウハウがないことである。デイジーワールドのように単純なシステムであれば、数式から「設計」することもできるが、地球や社会のように関連する要素が非常に多く、関係が複雑な中で、すべての機能や動きを予測して、完全な自律分散システムを数理的に構築する理論は確立されておらず、自律分散システムを構築していくときには、試行錯誤しながら所要の機能を作っていくという方法がとられているのが現状である。

5. 次の文明のパラダイムシフトを支える要素技術

機械設計を行う場合には、設計目標や仕様が定まったのちに、実際に利用できる要素技術や生産技術を考えていく手順となる。どんなに優れた設計図を描いても、まだ実現されていない技術が含まれていたら、実際の機械は誕生しない。また、優れた形をデザインしても、現行の工作機械で作り出せない形であったら、絵に描いた餅である。文明も同様に、文明の設計をする上で用いることができる要素技術を考えていく必要がある。

また、過去2回の大きな文明のパラダイムシフトが起きた時には、基盤となる技術が存在した。農業革命においては農耕技術であり、産業革命においては蒸気

機関をはじめとする動力システムの発明である。このように大きな変化を起こす条件としては、革命がおきる前に、基盤技術の醸成がなされていることであると考えらえる。

ここでは、次の文明のパラダイムシフトを起こす技術を考えていく。それぞれのパラダイムが起きる前から、基盤となる技術は徐々に構築されてきたように、次の文明を支える技術もすでにその萌芽がでてきていると考えられる。それでは、次の文明の基礎になる技術は何であろうか。第3章5. でも述べたように、筆者は次の文明を支える技術は、「自己組織化技術」や「自己複製技術」であると考えている。

さらに文明を駆動させるエネルギー源を設計していないといけないが、その供給源としては、太陽エネルギー以外にはないと考えられる。いずれの化石燃料においても、可採年数はあと数十年であり、現在開発が進められているシェールガスでも可採年数は100年である。また第2章でもみたように、文明のレベルがエネルギー規模により決まるのであれば、次の文明は、現在より1桁大きいエネルギーを利用できる規模に進化していくことが必要ではないだろうか。現在よりも1桁大きいとなると、化石燃料は数年で使いつくして無くなってしまう。原子力エネルギーでも1桁大きい規模のエネルギーをまかなうことは不可能である。これより次のエネルギー源として残るのは太陽エネルギーだけである。もちろん、現在の太陽光発電のように、変換効率が15から20％程度では、とても1桁大きいエネルギー規模を実現できないが、今後の技術開発により、太陽電池の高効率化、エネルギーの高効率利用、太陽エネルギーのユビキタス利用技術などが進展することにより、太陽エネルギーを安定的に使用できる環境が実現できるのではないかと考えている。

また現在、人工光合成の研究が非常に興隆してきている。一部の研究では太陽光とCO_2のみから有機物を生成することに成功している。これらの人工光合成の現在のエネルギー変換効率はまだ植物などよりも低いが、もし植物を超えるような効率で有機物を生み出すことが可能となれば、森林が大規模な有機資源を生み出していることからも想像できるように、食糧生産やエネルギー生産に革命をもたらすことが予想される。

そして、この人工光合成の技術と自己組織化技術が組み合わされ、いたるとこ

ろで人工光合成をする人工生命体が存在して、人間に有益な資源やエネルギーを生み出してくれるようになったときが、次の文明のパラダイムシフトの始まりではないかと考えられる。農業による富の蓄積が、非農耕階級を生み出し、専門職業人を生み出し、また産業革命による富の蓄積が、第3次産業を生み出した。次の文明のパラダイムシフトは、人類の位置づけをどのように変えていくのだろうか。

　自己組織化と太陽エネルギーというキーワードで筆者が行っている「生物形態形成モデルを応用した自己組織的スマートグリッド」[4]の研究を以下に紹介する。これは、都市街区内の住宅などのエネルギー設備において、設備の導入ルールや運用ルールを設定し、このルールにおいて、近隣のエネルギー設備との間に簡単な相互作用を持たせることにより、エネルギー設備によるクラスター群が自己組織的に形成されるものである。エネルギーのクラスターが形成されると、それに伴い街内のエネルギー融通を比較的高い頻度で実現させることができる。この研究は、チューリングモデルなどの生物形態モデルを基礎に、エネルギークラ

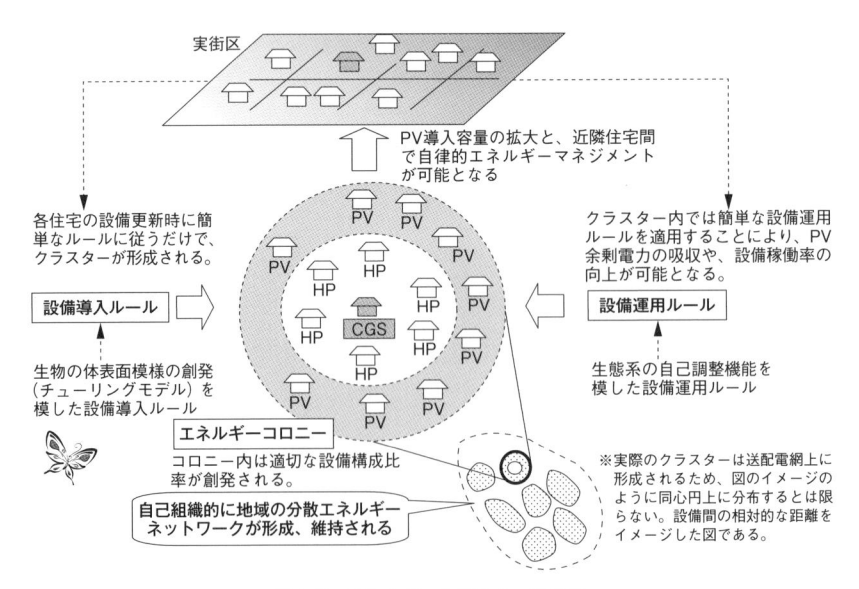

図4-3　エネルギークラスターの概念

スターが自己組織的に形成され、複雑な最適化手法や制御手法を用いず、近隣の余剰エネルギーの情報に基づく簡易なエネルギー融通ルールで、局所的なエネルギー融通が成立し、地域での自然エネルギーの地産地消が実現する手法を明らかにしたものである。図4-3にエネルギークラスターの概念を示す。

　この研究では、住宅のエネルギー設備が不規則に更新されていく住宅の街区空間において、住宅に設置した分散エネルギーシステム（太陽光発電（PV）、燃料電池コージェネレーション（CGS）、ヒートポンプ給湯器（HP）、従来型設備（購入電力＋ガス給湯器））をエージェントとみたてたマルチエージェントシステムを考えた。各住宅の設備更新時に、近隣の分散エネルギーの種類や数などの情報に基づく簡単な設備導入判断ルールに従うことにより、街区内の分散エネルギーが自己組織的に配置でき、さらにマッチング理論に基づくエネルギー融通ルールに従うことにより、近隣設備間のみでエネルギー需給のバランスを維持できる「クラスター」が形成される基礎モデルを構築したものである。PVの余剰電力を、従来型設備の住宅やHP給湯器を設置した住宅で用い、CGSの余剰電力や熱を近接の住宅などに融通する。さらにこのエネルギークラスター群の相互作用により、分散協調的に広域の送電網を制御するモデル構築の見通しをまとめ、エネルギークラスターが多数連動して電力の安定化を図るための分散制御システムを粘菌のネットワーク形成モデルなどを基礎に構築することを提案した研究である。

　具体的な計算モデルの概要を以下に示す。都市街区のうち戸建住宅が並ぶ新興住宅地や再開発住宅地を想定し、街区の配電系統を図4-4に示す6角形の格子空間でモデル化し、格子の各頂点（セル）に戸建住宅（需要家）が配置されるとした。縦横30セルの空間を考え、合計900（＝30×30）戸の住宅が存在する空間とした。

　各セルに配置される戸建住宅をエージェントとみなし、各エージェントは属性としてエネルギー設備の種類と、設備の使用年数を保持している。エネルギー設備の種類は以下の4種類とした。①従来型住宅：現行の一般的な住宅の設備構成であり、空調は購入電力によるヒートポンプ式エアコンを利用し、給湯はガス給湯器を利用している。②PV導入住宅：従来型住宅にPVシステムを導入した場

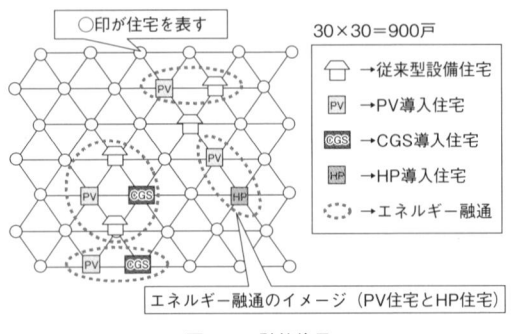

図4-4 計算格子

合である。③ HP導入住宅：給湯をヒートポンプにより供給する、いわゆるオール電化住宅である。④ CGS導入住宅：電力の一部と給湯を燃料電池式CGSにより賄うものである。

さらに、これらの各設備の寿命を10年とし、各住宅（エージェント）は使用年数が10年になると①～④のいずれかの設備に更新されるとした。住宅の設備種類の初期値として、①～④の住宅がランダムに配置される状態とした。また設備の使用年数の初期値は、ランダムに0～9年を設定した。

[エージェントの設備導入判断ルール]

設備導入判断ルールにおいては、生物の群れの形成や生体模様の形成で有名なチューリングモデルをセルオートマトンモデルに離散化したYoungモデル[5]を基礎とした。チューリングモデルは、活性因子と抑制因子の相互作用により、生体に見られる斑点模様や縞模様などのさまざまなパターン形成が可能であることを示したモデルである。図4-5は、チューリングモデルをセルオートマトンモデルに離散化したYoungのモデルによりチューリングパターンを計算したものである。このモデルは、状態0と1の2状態の正方メッシュ空間で、中心メッシュの周囲2メッシュ以内の領域を内近傍、4メッシュ以内の領域を外近傍とする。時刻tでの中心セルの状態を状態量S_{t0}、近傍セルの状態を状態量$S_{ti}(i=1,\cdots)$と表す。このとき、内近傍の状態1のメッシュ数の合計をS_{tc1}、外近傍の状態1のメッシュ数の合計をS_{tc2}とする。中心セルの状態量は、任意のパラメータwを用いて次式により更新される。パラメータwの変化により縞模様や斑点模様が

創発され、図 4-5 のように w が 0.4 程度になると斑点模様が出現し、0.3 〜 0.4 程度で縞模様が出現する。このようにモデル中のパラメータの変化により縞模様や斑点模様が創発される。

$$S_{t+10} = \begin{cases} 1 & (S_{tc1} > w \cdot S_{tc2}) \\ 0 & (S_{tc1} < w \cdot S_{tc2}) \\ \text{unchanged} & (\text{otherwise}) \end{cases}$$

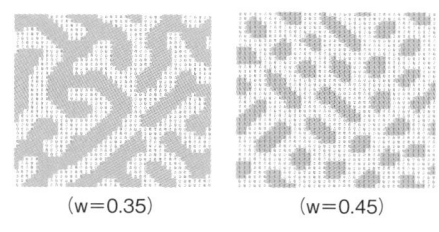

(w=0.35)　　　　　(w=0.45)

図 4-5　Young モデルによりチューリングパターンの例

筆者らは 2 状態の Young モデルを拡張し、4 状態（状態 0 〜状態 3 と設定）を考え、4 種類の設備に対応させるモデルを考えた。中心セルの周囲 2 メッシュ以内の領域を内近傍、4 メッシュ以内の領域を外近傍とする。このとき、内近傍内の状態 0 以外のセル数の合計を S_{tc1}、外近傍内の状態 0 以外のセル数の合計を S_{tc2} とする。次ステップの中心セルの状態量は、任意のパラメータ α、β、γ を用いて次式により更新される。パラメータ α、β、γ は 0 より大きく 1 以下の数値をとり、$\alpha > \beta > \gamma$ となる。

$$S_{t+10} = \begin{cases} 3\ (\text{CGS}) & (S_{tc1} > \alpha \cdot S_{tc2}) \\ 2\ (\text{従来}) & (\alpha \cdot S_{tc2} \geq S_{tc1} > \beta \cdot S_{tc2}) \\ 1\ (\text{HP}) & (\beta \cdot S_{tc2} \geq S_{tc1} > \gamma \cdot S_{tc2}) \\ 0\ (\text{PV}) & (S_{tc1} \leq \gamma \cdot S_{tc2}) \end{cases}$$

[エネルギー融通ルール]

余剰エネルギーの融通ルールは、ゲール—シャプレイ（Gale-Shapley）アルゴリズム[6]を用いた。シャプレイ教授はこの安定配分の理論により 2012 年にノーベル経済学賞を受賞した。Gale-Shapley アルゴリズムは各要素間の安定的な組み合わせを導出できるものであり、本モデルのルールは以下のとおりである。

①余剰エネルギーがある住宅は、一番近いエネルギー不足住宅にオファーを出す。
②エネルギー不足住宅は、オファーの中から一番近い住宅から余剰エネルギーを受け入れ、それ以外のオファーを断る。
③残った余剰エネルギー住宅は、再度、残ったエネルギー不足住宅にオファーを出し、エネルギー不足住宅は一番近い余剰住宅のオファーを受け入れる。
④余剰住宅か不足住宅のどちらかがなくなるまで以上のアルゴリズムを繰り返す。

計算のタイムステップは1年として、各年における設備更新住宅に対して設備導入ルールを適用し、その後エネルギー融通ルールを適用するという計算を行った。

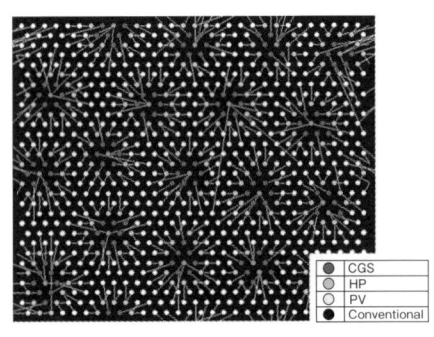

図4-6 生物形態形成モデルを応用した自己組織的スマートグリッドの計算結果

図4-6にパラメータが$\alpha=0.8$、$\beta=0.6$、$\gamma=0.36$の場合の設備分布の計算結果を示す。初期状態（0ステップ）は、状態0～3をランダムに配置している状態である。図中の各丸印の色の分布で設備の種類を示し、HPの周囲にCGSが分布し、その周囲に従来設備が分布しクラスターが構成され、クラスター間にPVが充当されていることがわかる。図中の線は、エネルギー融通の組み合わせを示す。この結果が示すように、チューリングモデルを模した設備導入判断ルールを適用すると、HP、CGS、従来設備のクラスターが形成され、その周囲にPVが分布する棲み分けが自己組織的に創発されることがわかる。CGSの周囲に従来設備が分布していることにより、CGSの余剰熱を隣接の従来設備に供給することが可能となっている。また、余剰電力の供給で競合するCGSとPVは、電力の吸収源である従来設備を間に挟んだ配置となっている。またなるべくPVの設置量を増やすという要求も満たされた配置となっている。

第4章 文明を「設計」できるか？ *119*

　太陽光発電は、天気の良い日は住宅の昼間の必要電力よりも多くの電気を発電し余剰電力が発生する。都市に非常に多くの太陽光発電が導入されると、晴天の昼間に多くの余剰電力を生じ、電力系統が不安定になるという問題がある。エネルギークラスターが形成されると、近隣設備同士の間で余剰電力を使いきることが可能となる。

　各設備数は、40ステップ程度（40年程度）までは変動しているが、それ以降ではほぼ一定の構成比で推移していくことがわかる。これより設備更新期間を10年とした場合、およそ40年で図4-7に示すようなクラスター形成が可能であることがわかる。通常の設備更新は15〜20年程度であることから、クラスター形成にはより長い期間が必要であるが、ある程度、クラスターの形が判明しているので、クラスターを意識した補完的な導入施策による誘導により、早期にクラスターを形成することも可能であると考えられる。

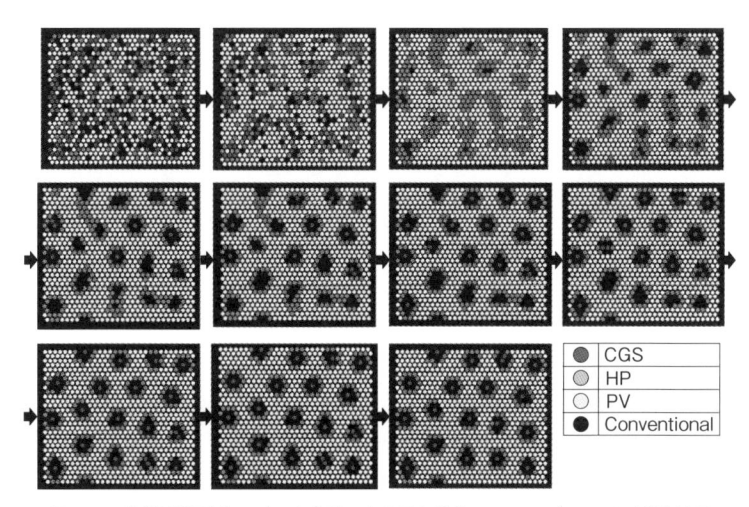

図4-7　生物形態形成モデルを応用した自己組織的スマートグリッドの計算結果
（10ステップごとの時系列）

　この研究が実現すると、比較的な簡易なルールを用いることで、分散協調制御のシステムを階層的に構築することができる。具体的には各建物のエネルギー制御システムに、この研究で明らかになった「設備導入ルール」と「設備運用ルール」を保持させ、これらがインターネットや電力線通信で相互に接続される。そ

して、近隣施設の設備種類や余剰電力情報という限られた情報だけで各設備の導入や運用が判断されても、エネルギークラスターが自己組織的に形成される。さらにクラスター群の連携が可能となれば、自律分散協調的な需給バランスの保持が可能となるシステムを比較的安価に実現できると考えられる。この研究で明らかになった「設備導入ルール」や「設備運用ルール」に従う政策的インセンティブをさらに設けることにより、社会的に適切な設備構成を創発させる制度設計が可能になると考えられる。

またこのように生物学の共生関係や群れ（クラスター）形成、さらには生態系の恒常性維持機能などの生物の持つ高度な機能を、エネルギーネットワーク（スマートグリッド）に導入することで、新たな社会技術のフロンティア開拓につながり、複雑な社会システムの構築・維持技術の確立につながっていくと考えられる。

6. 22世紀文明（次の文明のパラダイムシフト後の世界）の設計図

ここでは文明の設計仕様を受けて、本書のテーマである文明の設計図（ラフデザイン）を考えていきたい。文明の設計図は、機械設計のような部品の形が描かれた図面というよりは、情報システムやプラントシステムの設計図のように、エネルギーや物質の流れを示すシステム図に近いイメージとして示していく。それでは文明のシステム図はどのように描くのだろうか。

実は、文明の設計図は、すでに第2章と第3章でみてきた、「文明のエクセルギー・エントロピー関係図」をそのまま利用することができる。これらの図では、社会や地球や生物のエネルギーの流れと物質の循環の流れを図の形で表し、いずれの要素（地球、気象システム、生物、エンジンなど）も同じ形で描けることをみてきた。また「物エントロピー」という概念を用いることで、エネルギーと物質の流れを一つの図にまとめてみてきた。

文明のシステム図の書き方を整理すると次のようになる。社会を構成する大きな要素を独自のブロック線図で描いていく。図4-8に示すように要素を四角形で描き、そこに投入されるエネルギーや排出されるエネルギーを白い矢印で描く。

さらにそれらのエネルギーから生み出されるエクセルギーも白い矢印で描くこととする。物質循環も同様に、投入される物質と放出されるもの、生み出された付加価値品を灰色の矢印で描くこととする。

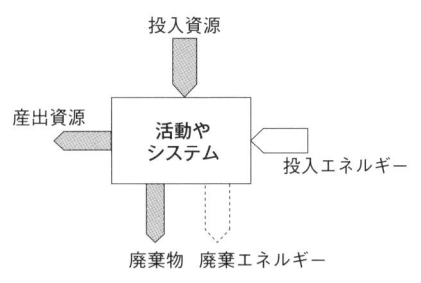

図4-8 文明の設計図用のブロック線図

これらのブロック線図で、石器時代の文明システム図を描くと図4-9のようになる。この場合は、人類社会はほとんど生態系の中に含まれており、生態系の中での物質循環で閉じている。図の形が3章で示したものと少し違うが、3章の内容が分かれば、こちらの図も理解してもらえると思う。農耕が始まりこの図に農耕システムが加わったものが、図4-10である。石器時代に比べて大きく物質とエネルギーの流れが変化してきている。図からわかるように、牧畜もエネルギー源の薪も森林に頼っており、文明の活動が大きくなると、局地的には森林とのバランスが崩れてしまうことがこの図から読み取れる。メソポタミア文明をはじめとする古代文明の崩壊はすでに説明したとおりである（図4-10以降の図においては、図が複雑になるため各要素から出る赤外線を省略して描いている）。

さらに、この図に産業革命による生産システムが加わると図4-11のようになる。産業技術は、農業にも大きな動力を供給し、農業の生産性を飛躍的に向上することができた。しかし産業システムの駆動源は化石燃料であるため、常に枯渇の心配があり、また資源循環が生態系のように完全に確立されていないので、さ

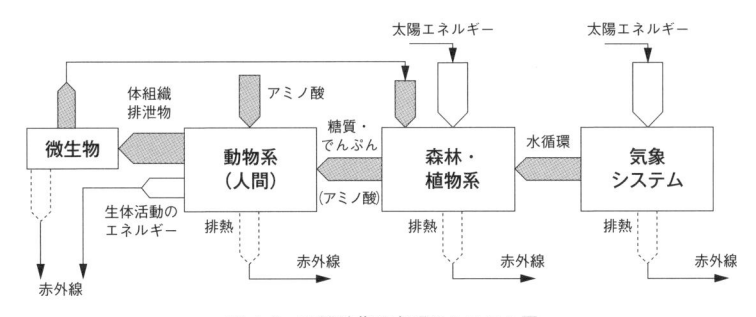

図4-9 石器時代の文明のシステム図

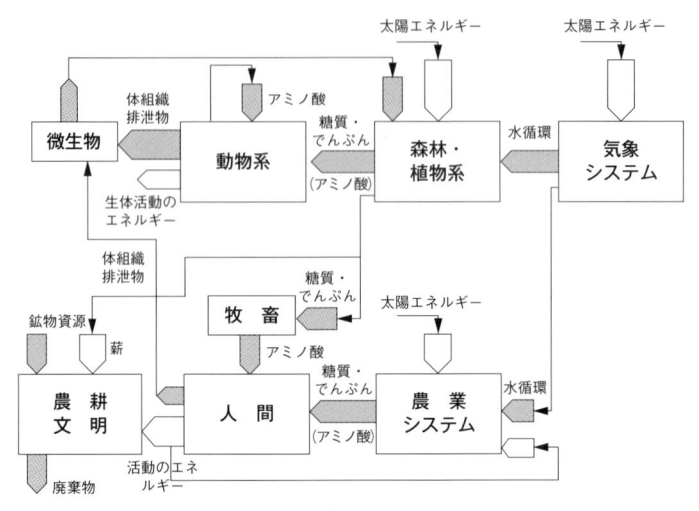

図 4-10　農耕革命後の文明のシステム図

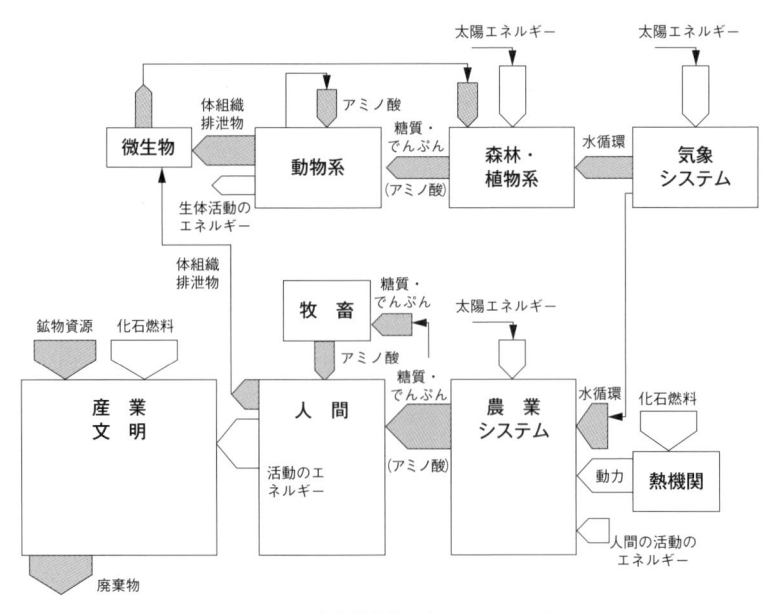

図 4-11　産業革命後の文明システム図

まざまな環境問題を引き起こしている。この産業文明が世界的に普及し、世界人口の急拡大を起こすことでさまざまな問題を引き起こしている。同じ図にそれらの諸問題を書き入れたのが図 4-12 である。人口が肥大化し、生態系を圧迫するとともに、生産システムが地球の容量に迫りつつある。また人口の中で高齢化が進んでおり、産業システムを支える労働力は将来的には（100年ぐらい先まで考えると）少なくなると考えられる。この図からみても、現在の文明が限界にきていることが感じられる。

地球の限られた容量に収まり、また肥大化した人類を支えるシステムをつくるためにはどのような構成が考えられるだろうか。設計というものは、数学の問題と違い、解答は一つではない。同じ自動車でも要求性能を満たす4輪車も6輪車も設計することができる。同じように、文明のシステム図も幾通りもの図を考えることができる。

単純に考えれば、生態系の生み出す資源を他の動植物にまわさずに、すべて人間のために使ってしまうような図も考えることができる。しかし、人口の高齢化

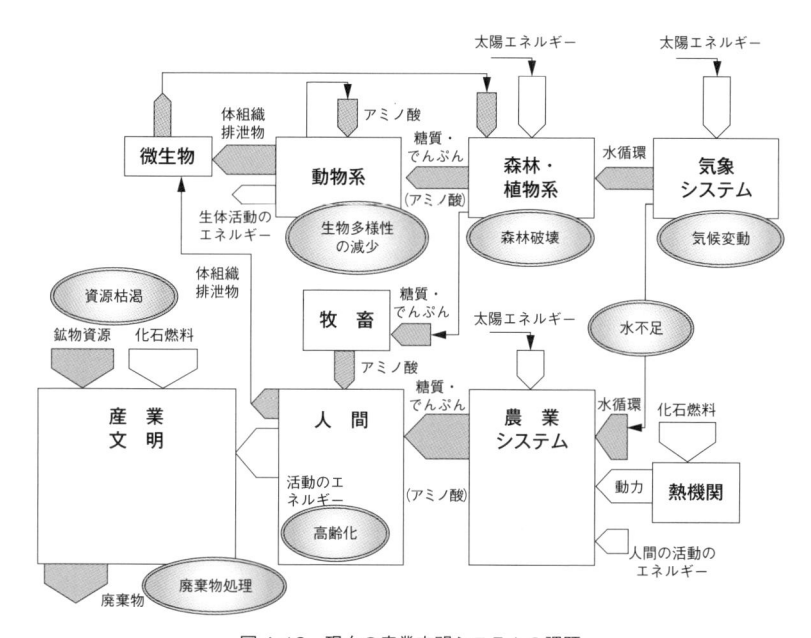

図 4-12　現在の産業文明システムの課題

により産業システムを支える問題が解決できないとともに、生態系を大規模に崩壊させて、人類だけ生き残ることは長期的には困難ではないかと考えらえる（地球全体の化学的組成の構成比を維持するのが困難である）。

　前節で、新しい文明パラダイムシフトの基盤技術は、自己組織化技術であると述べたが、自己組織化技術が入ると文明のシステム図はどのように変わるのだろうか。まず自己組織化技術で、高度なロボットやナノマシンの大量生産が可能となり、これらの機械が太陽エネルギーで駆動するようになると、高齢化による労働力の減少と、化石燃料依存から脱却が可能であると考えられる。そして生態系において、微生物が物質循環のループを回しているように、ナノマシンが物質循環の駆動役になることが可能になると考えられる。これらを考えると文明のシス

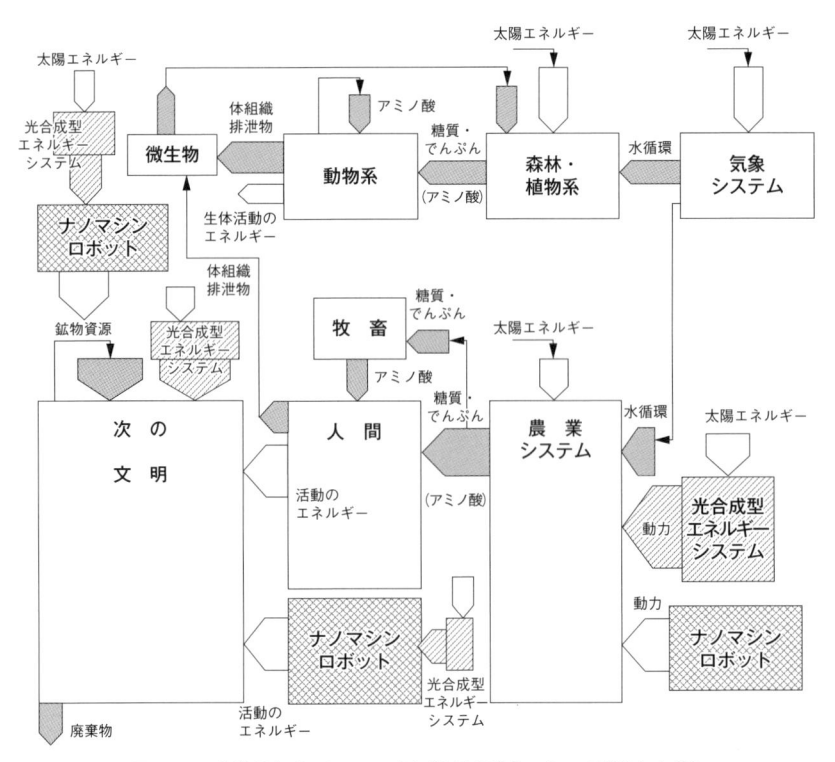

図4-13　次世代文明のシステム図（自己組織化マシンの誕生した後）

テム図は図4-13のようになる。ナノマシンや自己組織化ロボットの稼働により農業の生産性も向上し、食糧問題も解決していく可能性がある。さらに肥大化した文明システムにより圧迫されている生態系を維持するためにもナノマシンを中心とした自己組織化技術が利用されるようになる。図4-14にそのシステム構成を示す。図4-12に示す文明や生態系の間でのさまざまな障害が、間にナノマシンが入ることで適切に管理でき、調和できるようになっていくと考えられる。

さらにナノマシンが機械と生物の境界を曖昧にしてくと考えられる。いずれは農業と生態系、産業システムと生態系の境界がなくなってくるかもしれない。これをイメージした図が図4-15である。究極的には、生態系システムが、一度は生態系から離れた人類システムと再融合し、新しいメタ生態系が形成されるイメージとなる。これにより新しいガイアシステム、いわば惑星生命体への進化の

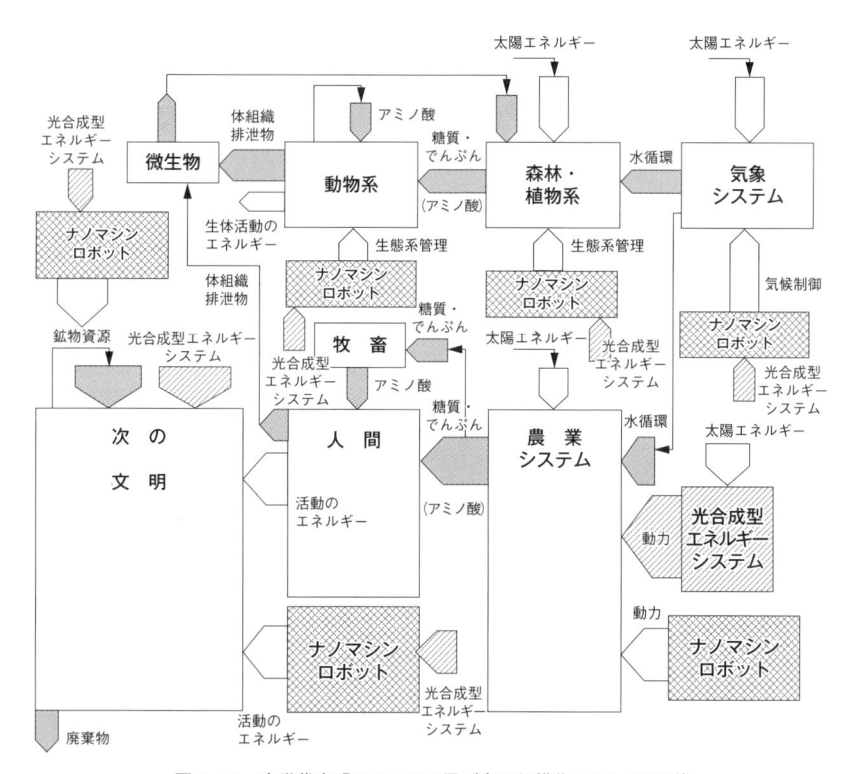

図4-14　次世代文明のシステム図（自己組織化マシンの浸透）

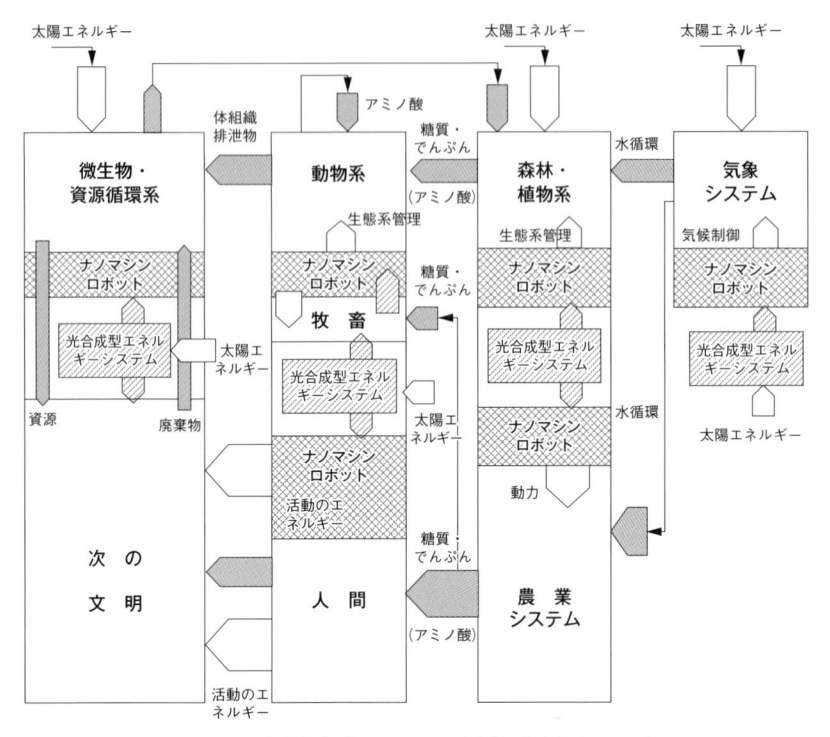

図4-15 次世代文明のシステム図（惑星生命体システム）

道筋がみえてくる。

　生命の体の進化も、最初は腸と心臓だけという単純な内部構造であったが、体が大きくなるにつれ高度な機能が求められるようになると、進化の過程で体内の構造の変化が生じ、肝臓や肺などの内部器官を生み出してきたように、石器時代の単純なシステムでは人類を支えられなくなると、地球内部で相転移的な構造の進化が起こり、農業システムという新しい地球内「器官」が発生したのである。さらに、複雑になった現在の文明システムは、いまの形では限界になってきており、新しい相転移が迫られていると考えられる。生態系においても共生関係がみられるように、文明システムでも生態系と産業システムの共生関係へと進化していくことが自然な流れであると考えられる。

　このような新しい文明システムになったときには、必然的に地球の気象システムも、現在とは違うものになると考えられる。過去の長い地球の歴史の中でも気

象は大きく変動しており、現在の気象をそのまま維持していくことに固執する必要はない。地球の自律調整システムを維持できる新しいシステムに落ち着けば問題ないと考えられる。もちろん設計解は一つではない。他にもいろいろな図が考えられると思うので、読者の方も考えていただきたい。

また、このようなシステム図を描くことができると、エネルギーシステムなどの場合もそうであるように、各要素間の関係を数式で表し、変数に数字を設定することで、コンピュータシミュレーションが可能になる。文明のシステム図も将来は定量的に分析する「文明設計工学」が可能ではないかと考えている（本書ではそこまで踏み込まず、概念的な設計デザイン図を描くのみでとどめている）。

（引用・参考文献）
1) シャーデン，ウィリアム『予測ビジネスで儲ける人びと―すべての予測は予測はずれに終わる』ダイヤモンド社（1999）
2) ドネラ・H. メドウズ『成長の限界―ローマ・クラブ「人類の危機」レポート』ダイヤモンド社（1972）
3) メドウズ，ドネラ・H., メドウズ，デニス・L., ランダース，ヨルゲン『限界を超えて―生きるための選択』ダイヤモンド社（1992）
4) 石田武志，分散エネルギー群の自己組織的コロニー形成モデル，日本シミュレーション学会論文，Vol.4, No.2, pp.51-61, 2012
5) David A. Young.: A local activator-inhibitor model of vertebrate skin patterns, Mathematical Biosciences, Vol.72, 1, pp51-58, (Nov.1984).
6) D. Gale and L. S. Shapley: College Admissions and the Stability of Marriage, Amer. Math. Monthly, 69 (1962), pp.9-14.

（参考文献）
エコノミスト編集部『2050年の世界―英エコノミスト誌は予測する』文藝春秋（2012）
ヨルゲン・ランダース『2052―今後40年のグローバル予測』日経BP社（2013）
ジェームズ・ラブロック『ガイアの復讐』中央公論新社（2006）
ジェームズ・ラブロック『ガイアの時代―地球生命圏の進化』工作舎（1989）
ジェームズ・ラブロック『地球生命圏―ガイアの科学』工作舎（1984）

第5章 日本から生まれる太陽と海の文明

　第4章の最後の部分で新しい文明のパラダイムシフト後の姿を示したが、本章ではより具体的なイメージを日本という場所で考えてみたいと思う。新しい文明パラダイムは一つの国や文明だけに起こるのではなく、その時代に現存する文明すべてに波及していくものである。産業革命が西欧文明で始まったように、すべての文明に同時多発的にパラダイムシフトがおきるものではなく、パラダイムのシフトの条件がそろった文明から構造変化が起こり、それが隣接する文明に伝播していくと考えられる。

1. 文明のパラダイムシフトが生まれる条件；日本から起こるパラダイムシフト

　第1章でみてきたように、文明のパラダイムシフトが生まれる条件は、社会的要請、技術要素、気候条件、資源条件などが組み合わされて、状況が煮詰まってくるとパラダイムシフトが"発火"すると考えられる。産業革命においても、森林からの薪が不足し、石炭を使わざるを得ないという社会要請と、炭鉱の発掘技術の技術的な進展などが背景にあり、科学的な知識の蓄積、市民革命などによる社会の自由化などの社会要素も西欧文明に蓄積されつつあるという条件が整い、ある閾値を超えたときに相移転がおきた。

　日本の社会も、20世紀後半の歴史的な経済成長の後、現在は経済的な停滞が続いている。さらに、人口構成を考えると人口減少が今後10年程度経つと加速度的に進んでいくことがほぼ確実であり、世界的にも歴史的にも前例のない超高齢化社会に突入していく。すでに労働力人口も減っており、経済成長、社会基盤の維持がこのままでは困難となっていくことがたやすく予想される。

　一方で、日本は科学技術立国をめざし、家電製品、自動車といった産業で世界

をリードしてきた。家電製品の輸出は陰りがでてきたが、発電プラントなどの重電部門はまだ健在である。自動車もまだ世界をリードしている。このように技術産業をささえる技術者や研究者は現在も豊富にそろっており、科学的な知識の蓄積も国としてできている。人口減少や国内産業の衰退により、国内の科学技術水準も低下していく懸念もあるが、まだしばらくは維持できると考えられる。特に材料工学や分子生物学、機械工学などの分野では厚い研究層がある。

　さらに、日本は資源が乏しい国といわれてきており、エネルギー資源や鉱物資源のほとんどを海外から輸入をしている状況である。輸出産業で外貨を稼いで、その外貨でエネルギーや資源を輸入して、それを加工して付加価値を高くして輸出をするという循環がうまく成立している状況ではよいが、もし自動車などの輸出産業も国際競争に負け続けると、資源の輸入も困難になる可能性がある。しかし、一方で日本は四方を海に囲まれており、海底には豊富なレアメタルや、メタンハイドレートというエネルギー源があるといわれている。海底の資源開発技術が本格的に軌道に乗れば、資源問題がかなり緩和される可能性もある。しかし海底に人が到達するのは、宇宙に人間が到達するのと同じように非常に難しい技術である。深い深海を自由に動き回るロボットを作ることも大きな課題であるが、日本の基礎技術をうまく展開すれば技術的な困難を克服できると考えられる。

　このように、日本は社会的に変革の必要性が非常に高くなっている一方で、科学技術的な知見を保持しており、また、海洋資源に目をむければ、豊富な資源がまだ手つかずに存在している状況である。このため、うまくパラダイムシフト起こす「発火」ができれば、新しい文明の波を作り出せるポテンシャルがあると考えられる。しかし、うまく波を作り出せない場合、歴史上のいくつもの文明のように、衰退という道も非常に現実的な未来である。

　この後で、日本という条件を踏まえて、日本にあった新文明の設計図を描いていきたいと思う。新文明は、第4章で述べたように、エネルギー源は太陽であり、日本周辺の海洋資源をうまく使っていく文明である。いわば「太陽と海の文明」というものである。しかし、第4章の最後の図に示したような惑星生命体のような究極の文明構造にいきなり移行するのは無理であるので、その途中経過に位置するシステムの構築を日本という条件で考えていくこととする。

　図5-1は、現在の日本の状況を第4章と同じようなブロック線図で描いたも

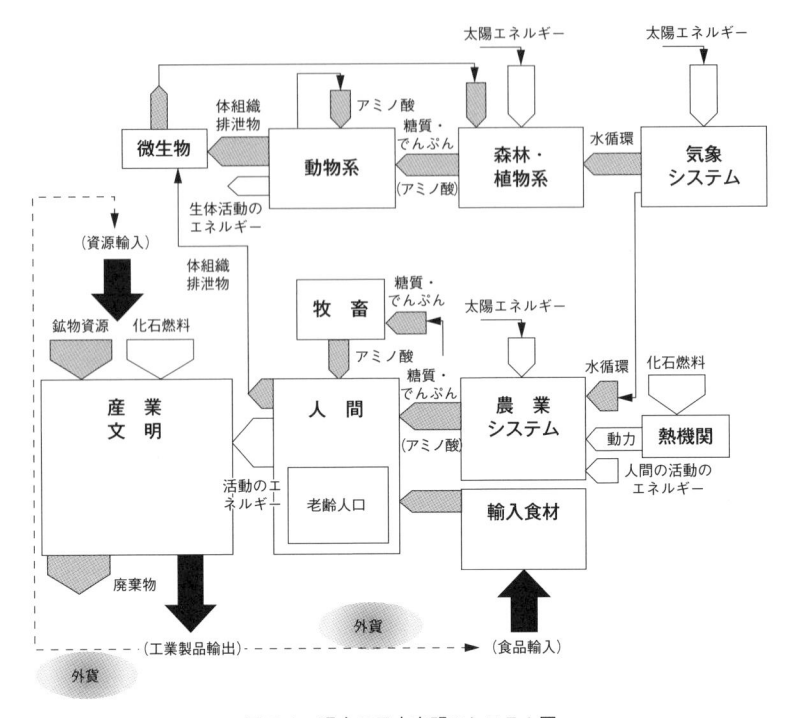

図 5-1　現在の日本文明のシステム図

のである。日本の場合は、国内の農産物の自給率も低く、資源や食糧のかなりの部分を輸入に頼っており、その輸入を支えているのが、自動車や電機産業である。一方で、人口は急速に減少していくことが予想され、生産人口はすでに加速度的に減少している局面になっている。このままの構図が続くと、外貨をかせぐ産業が収縮し、エネルギー資源や食糧を購入する外貨が減ることが予想される。

図 5-2 は、いまの構造が続いた場合の予想である。食糧輸入が困難になると、国内の自給率を上げるしかない状況となる。資源の輸入も減るので、国内の物資の流通も減っていく。このまま国全体が縮小均衡して小さい国に落ち込んでいくことが予想される。小さい国としてうまく安定できればよいが、財政破綻などの「X イベント」があると、国全体が崩壊してしまい、秩序が維持できないという可能性もゼロではない。いずれにせよ、未来予測は当たらないと第 4 章でみてきたように、将来はさまざまな要素が関連してくるので、見通すことができない。

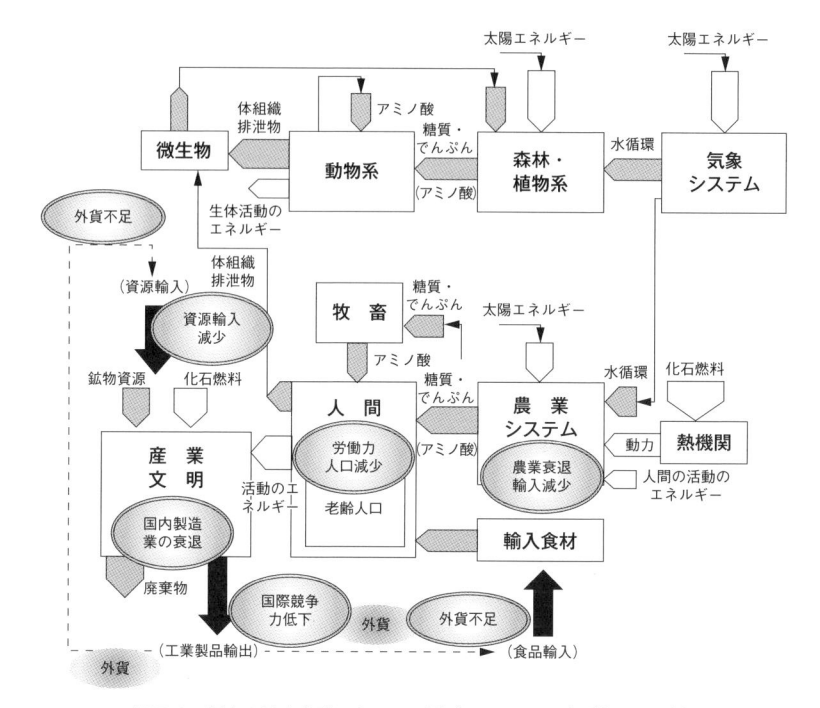

第5章　日本から生まれる太陽と海の文明　*131*

図5-2　現在の日本文明のシステム図（このままの形が続いた場合）

例えば20年先の日本の経済成長を予測することは不可能であるが、このようなシステム図でみていくと、日本のこれからの国や社会の輪郭がみえてくる。

このような現在の日本の構図に対して、第4章の新しい文明のパラダイム構造を当てはめてみたのが、図5-3である。先に述べたように、パラダイムシフトが起こった初期の部分をイメージしているものである。現在の構図を残しながら、新しいパラダイムへの相移転している過程とみてもよい。

新しいパラダイムの中でも、日本の人口減少や高齢化は止めることができない。しかしその生産人口の減少を、自己組織化技術を基盤としたロボットやナノマシンが支えて、付加価値の創出を支えている形となっている。農業においても、自己組織化技術やバイオテクノロジーの技術により、非常に小さい労働力で、生産性を維持していくことが考えられる。できれば食糧の自給が可能なレベルとなることが望ましい。また、エネルギー源は太陽エネルギーであり、太陽光発電を主体として、さらに高温高圧の火力が必要な部分は、太陽エネルギーで

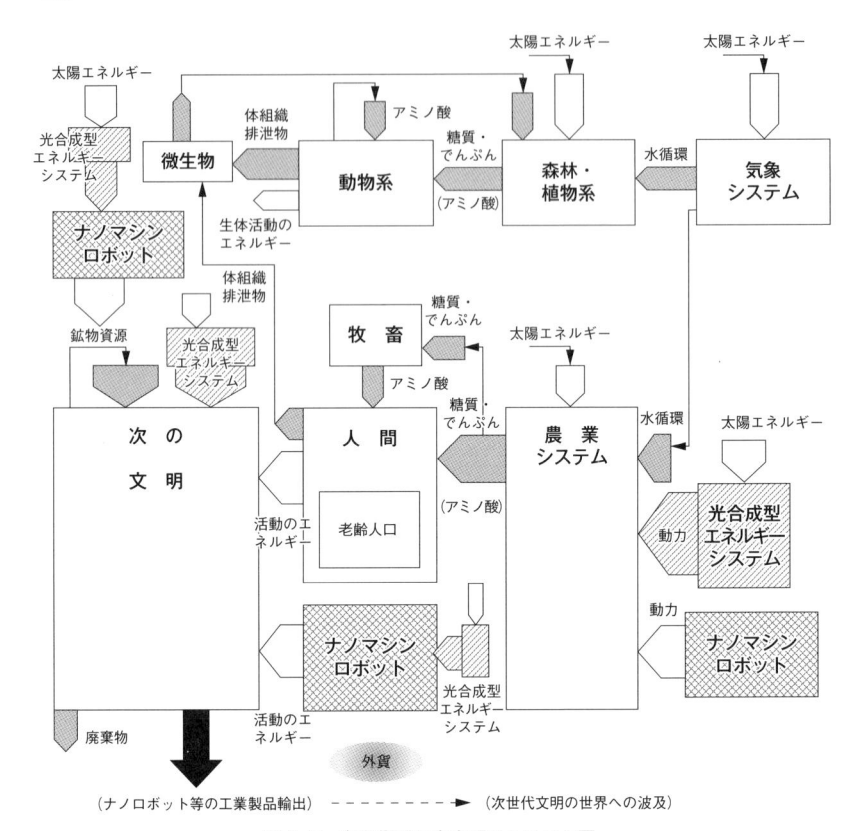

図5-3 次世代型日本文明のシステム図

製錬したマグネシウムなどが用いられる。一部で、メタンハイドレートも用いるが、これは枯渇する資源であるので、なるべく慎重に使うようにする。これは石油や天然ガスから100%脱却した文明を目指すものであり、明治時代以降、日本を根本的に悩ましてきて太平洋戦争まで起こしたエネルギー資源の確保の問題が解決することになる。また鉱物資源も同様に、海底資源をうまく利用するとともに、国内に蓄積した資源「都市鉱山」を利用して、資源循環をうまく起こすようにする。エネルギー自給と資源循環がうまくまわり、少ない生産人口で国内産業を維持している次世代文明の最初の姿である。

2. 文明の設計図の日本への適用１；太陽の文明（エネルギー立国へのシフト）

　第5章1. で示した日本の文明パラダイムシフトの姿をさらに詳細にみていきたいと思う。まず、文明自体を支えるエネルギー源について考えていく。前章でみたように、エネルギーについては、石油、石炭、天然ガスといった化石燃料から、ほとんどが太陽エネルギーを基盤にした文明になっていると「設計」した。いわば、火の文明（化石燃料とプラスチックの文明）から、太陽の文明へとシフトしている。

　しかも単に太陽エネルギーをエネルギー源として用いているのではなく、さまざまな材料などもつくりだす源として利用している。植物が光合成により、でんぷんなどの糖質の資源をつくりだし、さらにその糖質からATP（アデノシン三リン酸）を合成して、植物自身を維持するエネルギーを生み出しているように、「太陽の文明」もいわば、光合成型都市文明といった性質を持っている。

　文明を支えるエネルギー源はどのような形になっているのか。それぞれの分野において、太陽エネルギーの利用形態をもう少し詳しくみていく。

①家庭

　太陽光発電と蓄電池により、ほとんどの電力を自給できるようになる。太陽光発電の効率が向上し、その余剰電力から水素を生成することで、エネルギーを備蓄することもできる。備蓄した水素は燃料電池によって電気をつくりだすことができる。身の回りにある小型マイクロ機器は、ユビキタス発電装置（環境発電装置、色素系太陽光発電）などで独立したエネルギー源を確保している。家電機器の効率化と、ユビキタス発電の利用により、家庭で必要な電力は従来よりも数割低くなっており、高効率の太陽電池により十分に賄える仕組みになっている。

②業務建物

　太陽光発電も利用するが、これですべての電力は賄えない。しかし、家庭で余った電力や、家庭からの水素を用いて燃料電池により発電することで、二酸化炭素や大気汚染物質の排出をゼロにしながら電力を利用することができる。

③工場、大規模施設

中小の工場は業務建物と同じエネルギー源となる。大規模な工場で大電力が必要な工場や、高温の熱源が必要なところは、マグネシウムによる火力発電や、マグネシウムの燃焼熱、バイオ燃料の燃焼熱を利用することで、化石燃料の燃焼をさけることができる。

④輸送機関

自動車は豊富な電力を用いて電気自動車が中心となっていくだろう。また水素を用いた燃料電池自動車となっている可能性もある。大型自動車はバイオ燃料を用いるか水素による燃料電池が候補となる。鉄道は、マグネシウムによる中規模火力発電からの電力を用いる。航空機はバイオ燃料を用い、船舶は、バイオ燃料もしくは、マグネシウム火力発電を搭載する電気推進船や、マグネシウム燃料電池などの方式が考えらえる。

⑤農業

農業で利用するエネルギーは、農業起源のバイオマスエネルギーなどが主体になるだろう。さらに太陽光発電などを利用した植物工場などが作られていく。豊富なエネルギーと自動化技術により、食糧の自給率の向上が可能となる。

⑥社会インフラ

街路灯、信号機などの社会インフラはユビキタス発電で維持される。

⑦大規模発電所

従来型の発電所である火力発電所、原子力発電所などは、それぞれの設備が耐用年数を過ぎた時点で廃止され、大規模な発電所は順次作られなくなっていく。中規模な高効率火力発電が、社会全体のバックアップ電源として、作られて維持されていくと考えられる。需要部門（家庭、業務建物、工場など）のエネルギー効率が今よりさらに高くなることと、人口が減少することで、日本全体の電力需要は、いまの半分程度になっているかもしれない。火力発電の燃料は、太陽光から精製されたマグネシウムを用いており、二酸化炭素も大気汚染物質も出さない、完全にクリーンでリサイクル可能なエネルギーシステムとなっている。石油などの化石燃料からも脱却している。また、かつては大都市の電力のすべてを支えていた送電

網も、各地域のエネルギークラスターをつなぐ補完的な役割となり、送電網全体がスリム化され、インテリジェント化されている。

このように将来のエネルギー像を少し夢物語的に描いてみた。もちろんそれぞれの分野で技術的な課題や制度的な課題はまだたくさん残されているが、実現の可能性はゼロではない。また、それぞれのエネルギーシステムは、孤立して存在するのではなく、相互に連携して稼働していく。社会全体を生物体とみなせば、生物細胞は個々の細胞内のミトコンドリアでエネルギーを生み出しているように、社会のさまざまな場所に組み込まれたユビキタスなエネルギー源は、いわば「エネルギー細胞」のようにエネルギーを個々に生み出しながら、連係をして、社会全体を支えていくようになると考えられる。自己組織的に「エネルギー細胞」が形成され増殖してくことで、社会全体が、自律分散的にエネルギー供給され維持される体制に移り変わっていくと考えられる。

ここで少し、自己組織的なエネルギー自給都市の未来像を描いてみる。単にエネルギー源が非化石燃料に代替されるだけではない。エネルギークラスターが自己組織的に形成され、自律的に維持されることで、大部分のエネルギーを地域単位で自給できる体制が整っているようになる。

太陽エネルギーは無限である。いまより1桁大きいエネルギーを生み出すポテンシャルを持っている。次の文明は、日本に降り注ぐ太陽エネルギーの何％を利用できるだろうか。これらの豊富なエネルギー源を用いて、自己組織化技術を基盤とした自動化技術により、資源の循環も誘発されていくと考えられる。そして国内で利用される資源の大部分を循環利用できる体制へシフトしていくだろう。このように太陽に支えられた「光合成型都市文明」ともいうべきイメージを図5-4に示す。まず、地域に自己創発的に形成されたエネルギークラスターは、人工光合成の技術を取り入れ、エネルギーの完全自給型クラスターへと進化していく可能性がある。余剰の太陽光電力を利用して水素を製造し、クラスター内の燃料電池で利用することにより、外部から天然ガスなどの供給がなくても、燃料電池の運転を可能にすることは技術的にすでに可能である。さらに、人工光合成により太陽光とCO_2のみから燃料を作り出し、その燃料の燃焼で排出するCO_2をさらに人工光合成で利用できるようになっていくだろう。そして各種の分散エネ

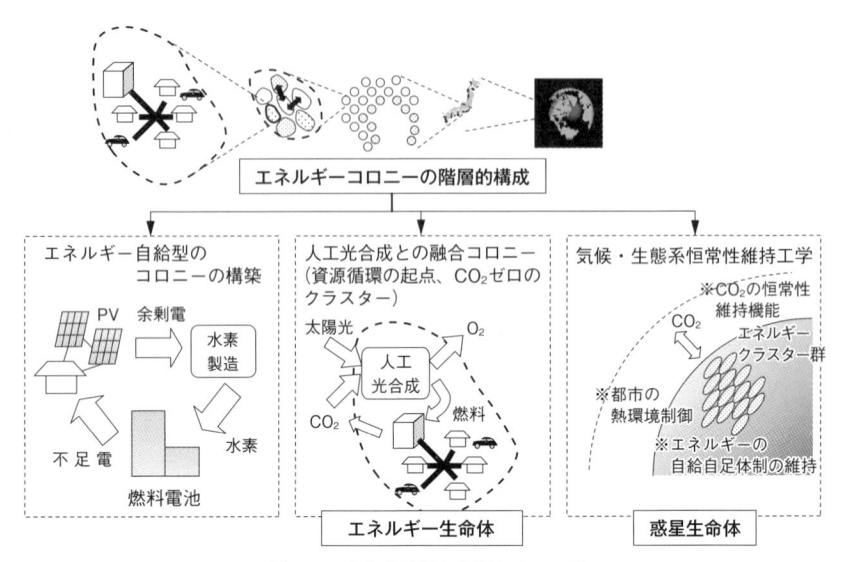

図5-4 光合成型都市文明のイメージ

ギー源の構成を適切に選択することにより、エネルギーが完全に自給できるクラスターが形成できると考えられる。さらに、これらのクラスターがエネルギーだけではなく、資源循環クラスターへと発展していくことが可能となる。人工光合成などの技術は、エネルギー資源のみではなく、さまざまな資源を生み出すことが可能となる。また廃棄物の分解も含めた資源の循環が可能になることが考えられる。今後は、分散エネルギーネットワークと資源循環の「ハイブリッドネットワークシステム」が必要である。生物細胞が、エネルギー生産と物質循環の基礎単位であるように、エネルギークラスターがエネルギー生産と物質循環の基盤になることが可能ではないかと考えられる。

さらに、人工光合成や資源循環の機能を有するエネルギーコロニーが地球上に張り巡らされることで、地球の気候や生態系を能動的に制御することができる可能性も考えられる。気候・生態系恒常性工学のような新たな環境・エネルギー工学分野の展開ができる可能性がある。

それでは、このような夢物語的な文明をどのようにつくるのか。形成過程を少し具体的にしていこう。第4章で紹介した自己組織的なエネルギークラスターの形成が、ひとつの方法になるのではないかと考えている。複数種類のエネル

源から構成されるクラスターが自己組織的に形成されていく。各クラスターは住宅数や建物種類によって、エネルギー機器の構成比率や、クラスターの大きさが少しずつ違うものができていくだろう。各クラスターで、地域の用途構成の変動や、外部の電力の需給状況やコストの状況で、自らの構成比や運転パターンを変えながら、クラスターが自律的に維持されるようになる。いわば「エネルギー生命体」のようなものが形成され、次にそれらのクラスターがお互いに生き残りの生存競争をするようになる。少しでも競争に勝てるように、クラスター内部には、遺伝的な情報を保持するように進化していくだろう。さらに、クラスター同士での共生や連携が自発的に生まれ、生物でいう器官や個体を形成していくように、より高次の組織体が形成されていく。クラスターがいくつか集まり「器官」が形成され、より高い次元の機能を発揮するような働きが創発される。これらの「エネルギー生命体」のイメージを図5-5に示す。

　また、IBMの提唱する「Smart Planet」や、米ヒューレット・パッカードが進める「世界神経網プロジェクト」など、地球上にセンサーなどを張り巡らせて地球全体をスマート化しようとの計画が進んでいる。一部のエネルギークラスターは、ニューロンのような働きをして、都市全体が「知能」を持つことが可能になるかもしれない。この知能は、人間のように会話をしたり、高度なパズルを解くわけではない。イメージとしては、植物のような自律的にみずからを保持する知性のようなものである。また、エネルギー生命体が稼働し始め、自律的に維持されると、個々の人間はその中に共生する存在となる。人間にとっては、持続的なエネルギー体に包まれて、エネルギーの心配のいらない環境となる。豊富なエネルギーに包まれた「南国」のような豊かさが実現できるのではないだろうか。エネルギー生命体は、少ない労働人口でも豊かに暮らすことができ、多くの老齢人口を支えることができるエネルギー体制の有望な形になると考えている。

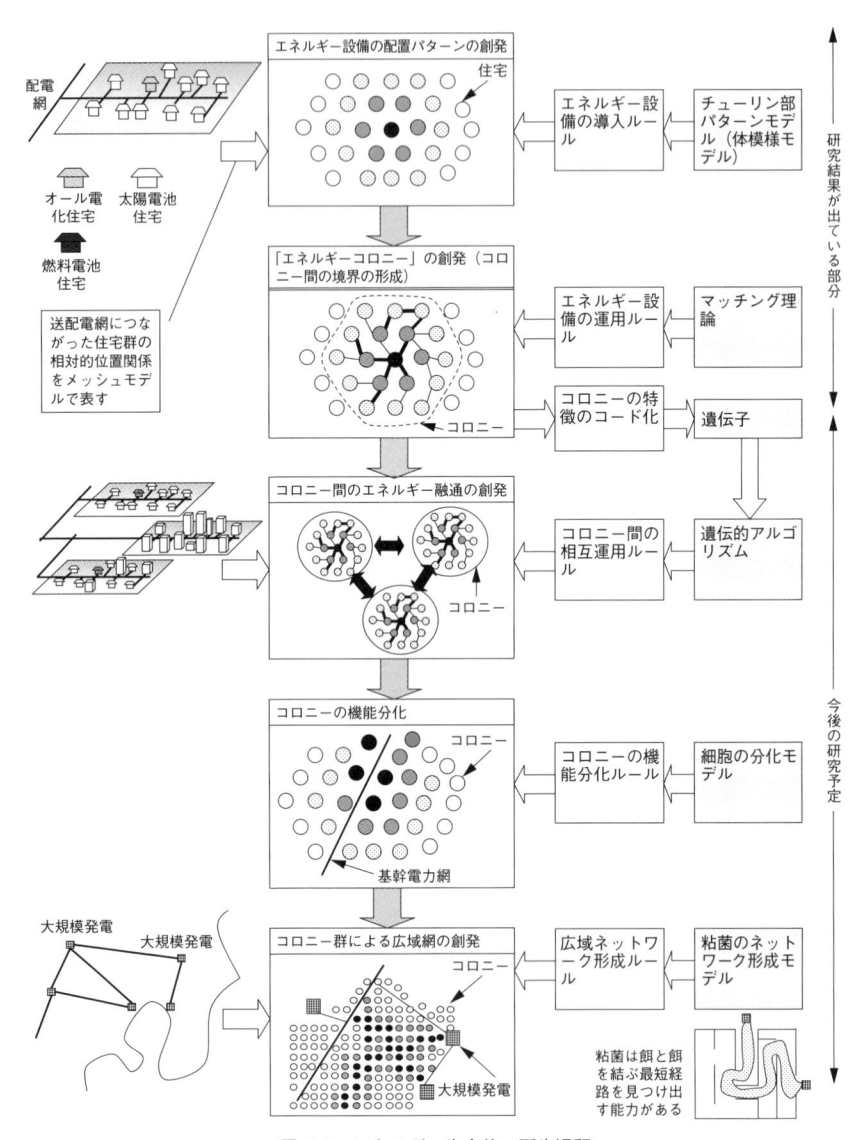

図 5-5　エネルギー生命体の誕生過程

3. 文明の設計図の日本への適用 2；海の文明（資源循環の国へのシフト）

次に文明を永続的に支える資源の供給源として海洋を考えてみる。日本の国土だけを考えると、エネルギーや鉱物資源は非常に限られており、日本国内だけで資源循環を自立させるのが難しい。しかしそれを取り囲む海まで視点を広げると、非常に広い面積を保有していることがわかる。国土の広さは世界で 62 位であるが、国土に領海と排他的経済水域を合わせた広さは、世界第 6 位である。排他的経済水域を合わせた海の空間的な体積の大きさでは世界で第 4 位といわれている。単に空間的に広いのではなく、そこに多くの資源が存在している。日本の海洋資源の可能性をいくつかの文献[2],[3],[4],[5]からまとめると以下のようになる。

①鉱物資源

　海底の熱水鉱床といわれる熱水が噴出している場所を中心に、豊富な金属資源が眠っている。貴金属である金や銀、産業の基礎材料となる銅、亜鉛などである。さらにレアメタルとよばれるリチウム、チタン、インジウム、コバルトなどが見つかっている。レアアースは「希土類元素」とよばれる 15 種類の元素の総称であり、ネオジウムなどがあり、レアメタルの一種である。いままでの日本は、中国などからレアアースを輸入してきたが、太平洋沿岸には多くのレアアースが眠っており、濃度は中国鉱山の 30 倍を超えるという文献[2]もある。将来的には鉱物資源の自給が可能となる量があるといわれている。

②エネルギー資源

　メタンハイドレートと呼ばれるメタンと水の結合体が豊富に海底に眠っていることが分かっている。メタンは天然ガスの主成分であり、取り出す技術が確立できれば、大規模なエネルギーの供給源となる。賦存量は、日本の天然ガス消費量の 100 年分になるといわれている。南海トラフの東部で国によりメタンハイドレート資源化プロジェクトが進められている。

　また先に紹介したが、海水に豊富に含まれているマグネシウムも抽出して製錬することにより、エネルギー源とすることができる。さらに、海水に溶けたウランを抽出するという研究も続けられている。

③水産資源

　日本近海では水産資源も豊富であり、約3万3,000種類の海洋生物が生息しているといわれている。暖流である黒潮（日本海流）と寒流である親潮（千島海流）が日本列島の周りを流れ、海流のぶつかりで多くのプランクトンが発生し、世界で最も生物多様性の高い海域のひとつといわれている。

　このように日本の周囲の海には豊富な資源が存在するが、現在ではほとんど利用できていない状況である。特に未開拓の海底鉱物資源などを利用するためには、これらを掘削して海上まで運ぶ技術が必要になってくる。日本は海洋技術でも先端を走るが、それでも海底の開発は技術的に困難な課題が多く、海底に到達して、そこで作業をすることは、宇宙空間で人類が活動するのと同じくらい困難な技術である。特に深海の海底には、今までもごく少数の潜水調査艇しか到達できていない。

　一般的には多くの魚型ロボットなどで水中探査をすればよいと簡単に想像がつくが、魚型ロボットをコントロールするための電波が海中では通じない。超音波による通信ができるが、情報を送れる距離と容量が限られている。このため、荒波や海流に耐えて、大型生物や船舶にもぶつからないように自律的に動いて情報を集めるロボットが必要である。自律型の水中ロボットがいくつもいままでに開発されているが、まだ開発途上である。魚型の水中探査ロボットを安価に製造して、多数配置しないと、広大な海を立体的に把握することができない。海の表面は電波も届き航空機や人工衛星からも見えるので把握しやすいが、海の中や海底を詳細に把握することは難しく、海洋技術の一層の開発が非常に重要になってきている。海の技術開発の重要性を再認識して、国もようやく予算を重点的に配分する施策がいくつか走りだしている。

　このような海洋技術開発の中でも、やはり自己組織化技術が解決の糸口になるのではないかと考えている。今後、地球全体で100億人近い人口を支えるためには、地上にある資源や農地だけでは限界があると考えられる。海の鉱物資源や水産資源をうまく活用していくことが、次世代の文明へとシフトする鍵になると考えられる。海を制するものが次の文明パラダイムシフトの先陣をきる可能性があ

る。

　それでは、海底の資源をどのように利用するのか、次の文明の姿を想像してみることとする。海底の鉱物資源を利用するには、海底で移動可能な鉱物資源の掘削基地が構築されていく必要がある。海底での探査基地をつくることは、月面基地をつくるよりも困難であるかもしれない。深海での人間の作業は、宇宙空間で宇宙服を着て船外活動するほど簡単ではないと思われる。人が乗り込む小型の潜水艇で作業をする場合、陸上での作業よりもはるかに効率が悪いものとなる。このため、小型の自己組織型のロボットが多数で、共同作業を行い自動で作業を行っていくことが必要である。海の中では電波が通じないので、超音波による最低限の通信を行いながら、所定の目標をロボット同士が連携して達していく必要がある。単に基地をつくるだけではなく、基地の維持管理までもロボットで自動化することが必要である。このように、自己組織的な機械による海底エネルギー・資源循環基地の構築の可能性を真剣に考えていく必要がある。自己組織的な魚ロボットが多数泳ぎ回るようになれば、海のインターネットを構築することも可能かもしれない。いずれは国内で使用する鉱物資源は、一部は輸入に頼るものの、その大部分は海底の資源を利用して、国内のリサイクル循環により賄うようになるかもしれない。日本国内にストックされている鉄や銅などは、リサイクルして使用されていき、レアメタルは海底から供給されるようになる可能性もある。

　一方で、自律的なロボット群は海の生態系に悪影響を与えないようにしないといけない。また、海底の資源開発が新しい環境問題を引き起こさないようにしないといけない。さらに掘削された資源がうまく社会で循環していく仕組みが必要である。いずれにせよ、海底を自在に開発できる技術力が、国力の大きな柱の一つになると考えられる。

　次に海を利用したエネルギー資源の利用について考えてみたい。海洋からエネルギーを取り出す技術としては、潮流発電や海洋温度差発電、塩分濃度差発電、潮汐力発電などさまざまな技術が研究開発されている。また、洋上に風力発電を多数設置することで、原発に匹敵する発電が可能であるとの試算もある。また、海底からはメタンハイドレートを取り出すことが可能になりつつある。これより取り出したメタンを用いた火力発電や燃料電池による発電が可能となる。さらに

海水中のウランを利用した原子力発電、海水中のマグネシウムを利用したマグネシウム発電なども提案され、基礎技術の開発が行われている。

　このように、海をベースとしたエネルギー源には多様な選択肢がある。前章までに、次の文明パラダイムを支えるエネルギーは、いまの文明より1桁大きい規模であり、なおかつ地球のバランスを崩さないものである必要があると述べた。これを可能とするのは、太陽エネルギー源以外にないということも述べた。海の潮流も、洋上の風もその運動エネルギーの源は太陽エネルギーである。広大な海をもつ日本は、豊富な海洋エネルギー資源を有しているといえる。また、化石燃料と違い、海陸問わず、日本は豊富な太陽エネルギーが利用可能である。

　それでは、これら海洋エネルギーの中で次世代文明の基盤になるものはどれであろうか。潮流発電や海洋温度差発電、塩分濃度差発電、潮汐力発電などはローカルなエネルギー源にはなると考えられるが、基幹になるエネルギー源ではないと考えられる。メタンハイドレートは、枯渇資源の一つである。輸入する天然ガスを代替しても100年ほどしか供給できない。日本の全エネルギー源に占める天然ガスの比率は約1/5程度なので、すべてのエネルギーをメタンハイドレートで賄うと、5倍の速度でなくなってしまう。また、過去の生物の大絶滅は、海底のメタンハイドレートが大量に気化して、気候を変動させたことが原因であるという学説もあり、メタンハイドレートを慎重に扱わないと地球環境を不用意に変動させてしまう可能性もある。このため、メタンハイドレートは、一部を商用利用しながら技術的な確立を行うものの、大分部はそのままエネルギー備蓄として手を付けないでおいたほうがよいかもしれない。

　海洋中のウランを用いた原子力発電においても、現在の10倍の規模の原子力発電プラントを日本に設置するのは無理があると考えられる。やはり前の節で示した、ユビキタスな太陽光発電や、さまざまな自然エネルギーを有機的に複合したシステムが、次の文明のエネルギー基盤になるのではないかと考えられる。その一部のエネルギーとしては、海からのマグネシウムを抽出し、それを精製して燃焼させることによる火力発電で供給されるようになる可能性もある。マグネシウムの含有量は、ウランにくらべて1万倍含まれており、海水から取り出すことが容易であり、循環利用できるので、枯渇しない資源といえる。

さらに、海洋の水産資源についても、持続的な利用をしていくことが必要である。海洋の生態系については、未知の部分が多く、水産資源の立体的な把握は非常に難しいのが現状である。今後は、自己組織化技術などを応用し、海の生態系を制御できる文明になっていく必要がある。大型の海洋生物に小型のネットワーク機器を取り付けることで、海の探査網の構築が可能になるかもしれない。そして、生物資源の持続的管理や、海洋汚染の監視や制御も可能になるだろう。これにより、水産業の大規模化が可能となり、水産資源の自給が進めばよいと考えている。

　また、海の生物資源をうまく利用することでバイオマスエネルギー源としても利用可能である。かつて江戸時代は、ロウソクが高価であったため、庶民は雑魚の煮汁からとった魚油で灯りをとっていた。魚油をとった後の雑魚のかすは肥料として田畑で用いられており、海から陸への栄養素の循環ができていた。これにより、江戸時代は水田を中心に豊かな生態系を維持し、森林の減少も防ぐことができた。同じように、水産資源をバイオマスや肥料として森林に還元することで、森林の再生にもつながっていくと考えられる。江戸時代の資源循環の形には次世代文明の片鱗がみえるような気がする。ただし当時の江戸は、技術とエネルギー源が伴わないため、新しい文明のパラダイムシフトへは進まなかった。

　いずれにせよ次世代の文明では、海洋の制御が可能な時代がくると考えられる。海洋が制御できると気候の制御も可能となっていく可能性がある。気象シス

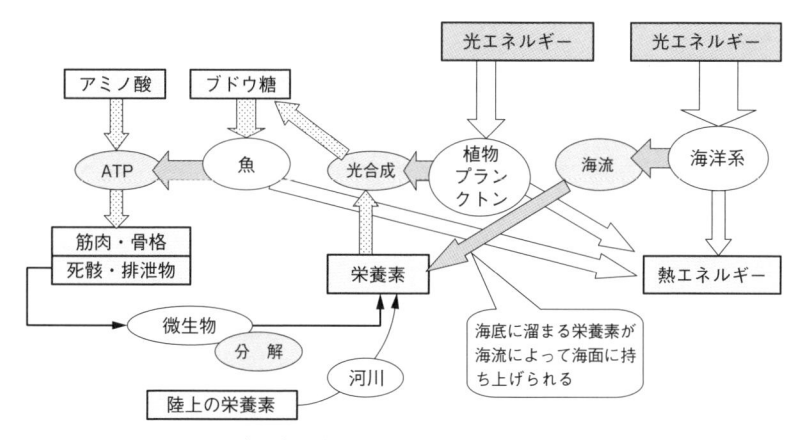

図5-6　海の生態系のエクセルギー・エントロピー関係図

テムと海洋システムは密接に関連したものであり、海洋を制御できなくては、気象をコントロールする地球工学は不可能である。

最後にまとめとして、海の生態系のシステム図を図5-6に、海を意識した文明の設計図を図5-7に示しておく。

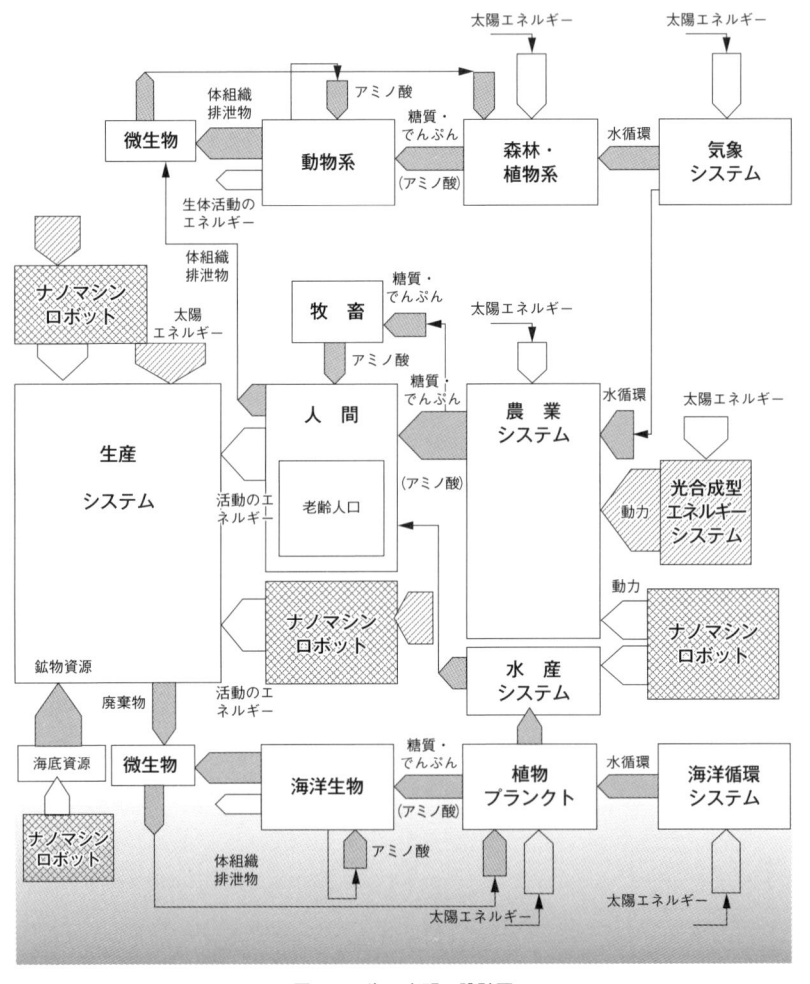

図5-7　海の文明の設計図

4. 地球の「腎臓」の必要性；新しい文明に求められる有害物・放射性物質除去システム

　2011年3月の東京電力福島第一原子力発電所の事故により、核燃料のメルトダウンが起こり、大量の放射性物質が外部に拡散した。放射性セシウムを中心に多くの放射性の核種が環境に存在している状況となっている。半減期が短いものもあるが、半減期が非常に長期になるものもある。このような半減期の長い放射性物質は、環境の資源循環の中でいつまでも存在しつづけることになる。特にこれらの放射性物質が、食物や水、呼気を通じて人間や動物の体内に取り込まれることで、生体濃縮するとともに、健康へのさまざまな影響が起こることも懸念されている。今後、日本は環境中に放出をしてしまった放射性物質への対応を真剣にしていく必要に迫られていると考えられる。前節3. で示した海の文明のように、国内で資源が自律的に循環する構造が仮に出来上がったとしても、そこの中で放射性物質が長期間にわたって循環していくことになっては問題である。

　また、人類が今までにつくりだした化学物質は数万種類に達する。その中には、ダイオキシンのように環境や人間に甚大な悪影響がある物質もあれば、健康への影響が未知の物質もある。特に環境中で分解されない化学物質は、資源循環や食糧生産の過程で繰り返し人に曝露されることになる。環境中に広まった放射性物質や化学物質は、今後人間や生態系にどのような影響を与え続けていくのか未知の部分が多いが、長い時間をかけて、人間や環境に何らかの影響を残していく可能性が高い。

　このようなことから文明のパラダイムシフトを超えた次の文明は、環境の中の有害物質を除去して、排除するシステムが都市や産業システムの内部に構築されていることが必要であると考えられる。動物でいえば、腎臓で血液中の老廃物を分離して、尿として体外に排出するように、地球システムは、生態系の中の不純物を系外に排除する新しい機能を付加する必要がある。もちろん環境中に排出される前に対策をほどこすことが最も重要であり、それらの対策を整備していくことが優先順位としては高い。しかし、不可避的に漏出してしまったものへの対応がまったく無いという状況がつづくと、自然環境も人類社会も徐々に疲弊していく。生態系や環境が新しい化学物質や放射性物質の除去機構をシステム内に持

つためには、はるかに長い進化の時間が必要である。このため、何らかの人工的な除去システムを生態系の中に埋め込む必要がある。一度、環境中に広まったものを回収するのは、膨大な労力とエネルギーが必要である。それを支えられるのは、豊富な太陽エネルギーと自己組織化技術ではないかと考えらえる。

植物に必要な土中の養分（リン、カリウム、窒素など）は、雨などに流され、重力が低いところに移動していき、最終的には海に流れていく。土壌の養分が川に流れ、海に入ると、川の河口付近は栄養が豊富な状態になり、植物プランクトンが盛んに育ち、それを食べて育つ魚も豊富になる。逆に、海岸から遠く離れた場所は、海中に栄養素が少ないため魚は少ない状態で、海洋の真ん中は「海の砂漠」である。さらに、魚の死骸は海底に沈んでいき、海底に蓄積していく。植物を育てる養分は、最終的には海底に蓄積していってしまい、長期的には陸上は、養分の無い砂漠になってしまう。1,000m以上の深海は、海水温が0～3℃で重たいため、上下方向の流れの対流は起りにくい。このため、一度深海に沈んだ栄養分は、海面にはなかなか浮上しない。しかし、38億年たっても地上の養分はなくならずに、生態系が維持されており、魚が永続的に繁殖している。これは、海洋の大循環が発生しており、海流の影響で場所によっては深海の海水が表面に運ばれてくる場所があり、このような場所は、栄養分が豊富であり有数の漁場となっている。

さらに、重力で下に流れていってしまう養分を、山の上などに循環させる機構はどのようなものであろうか。陸上への栄養の循環を支えているのが、沿岸部に生息する生物である。例えば、海鳥が魚を食べて、その糞や死骸が海岸付近の土壌に栄養素を循環させる。海岸線では、その栄養分による、植物が育成し、昆虫などが発生する。沿岸部の植物、小動物や海鳥を捕食した動物がさらに、標高が高い場所に移動し、糞や死骸により、栄養分を循環させる。高い山などへは、鳥や昆虫が動き飛び回り、栄養分を高い場所に移動させている。このように、雨などで一方的に低いところに流れてしまう養分を、動物が高いところに持ち上げていることにより、養分の循環が成立している。江戸時代においては、灯りの油をとるために雑魚を煮て、そのカスを畑の肥やしに利用していた。動物が行っていた栄養素の循環を江戸時代には人の手でも行われていた。

このような栄養素の循環の中に、放射性物質や有害化学物質が入ると、長期

間、生態系の中を循環することになり、被害を継続的に起こすことになる。これらの循環過程の中で、有害物質を抽出して除外するシステムを考えていく必要がある。宮崎駿著の漫画『風の谷のナウシカ』[1]では、「腐海」とよばれる従来とはまったく異なる生態系を有する森が出てくる。「腐海」の中は、人間が吸い込めば肺が腐って死に至る「瘴気(しょうき)」を吐き出す巨大な菌類や、昆虫に似た巨大な生物が棲む世界である。しかしこの森の中で、汚れた大地が浄化されていくというストーリーである。大地の汚れが石の結晶のようなものになっていくというシーンがある。

　パラダイムシフト後の次の文明では、地球という自立調整システムの内部に、自己浄化技術を保持する必要性が高くなる。「腐海」は自然発生的に生じたという設定のようだが、「腐海」に代わる新しい生態系浄化システムを人類の手で構築していく必要があると考えられる。これは、放射性物質やさまざまな有害化学物質を浄化し、環境中から取り除くことができるシステムである。例えば、環境中で放射性物質が吸着したチリや埃などを特異的に体内に収集するナノロボットや分子機械が考えられないだろうか。そして、それらのナノロボットが一か所に自律的に集まって、深い深海に運んでいくことで、有害物質を環境中から取り除くことができないだろうか。また例えば、体内に入って排出できない放射性粒子を取り込んで、周囲の細胞をα線から守るナノカプセルなどや、ナノテクノロジーやバイオテクノロジーにより放射性物質を人工的に生体濃縮させる技術など、さまざまな技術のアイデアが考えだせる。

　分子ロボットとして、ナノレベルのさまざまな要素部品を統合し、高度な機能を発現させるためには、生物細胞のように構成部品の階層的なカプセル化が必要である。ナノレベルのカプセル構造の構築についてはさまざまな研究が進んでいるが、これらは単純な形状のカプセルを構築しているのみである。今後は、内部に多様な分子機械を取り込んで機能し、外部との相互作用を行い、さらには条件に応じて自己複製するカプセルの構築が望まれている。分子ロボットを構築する上でも、このような自己複製ナノカプセルの集合体として構築することが有効な道筋であると考えられる。一方でこれらを実現するためには自己複製ナノカプセルを自己組織的に形成し、その自己複製条件を理論的に研究することが必要である。

筆者も、自己複製ナノカプセルの自己形成条件と自己複製プロセスの発現条件を、自己組織反応場とセルオートマトンモデルの相互作用により段階的に構築する具体的なプロセスを明確にする研究を実施している。既知の自己組織化現象のみでは単純な形状（斑点模様や渦巻き模様など）のみしか形成できない。しかしこれに周囲の状況に応じて能動的に駆動する微小機械（または反応系）を追加し、反応場の状況に応じて微小機械が駆動し、その駆動により反応場を制御するという相互作用を用いることで、階層的に複雑な構造体を構築できると考えられる。本モデルで得られた知見を化学反応系と高分子の相互作用に展開することにより、有限の反応規則の組合せで自己複製ナノカプセルが創発され、自己複製するプロセスを明確にできると考えられる。

　一方で、原子力発電について述べると、核燃料サイクルが確立されずに放射性廃棄物の処理の問題が解決されていない。原子力発電所から出る高レベル放射性廃棄物は、放射能のレベルが安全なものとなるまでに数万年単位の時間が必要であり、その間管理していくことが求められる。しかし、狭い日本の国土の中で、数万年も安定的に高レベル放射性廃棄物を管理することは困難である。過去数十万年単位で安定している地盤に埋めて管理するという方針であるが、この地盤が今後も安定している保証はなく、また人類が数万年も管理していくほど勤勉であるかも疑問である。数万年という単位では、大きく海岸線も変わってしまうし、繰り返される巨大地震や火山で地形も大きく変わってしまう。縄文時代の関東地方は海であったし、そのころの富士山はいまの形とは違っていた。多くの放射性廃棄物が蓄積する一方の中で、狭い国土で処理場所を探すことは困難である。また人間が管理した場合、何らかの契機（例えば地震や戦争など）により放射性廃棄物の管理がおろそかになり、忘れ去られてしまうことが考えられる。ここでも何らかの自己組織的な機械をつかったに永続的な管理が必要となる。一部では、深い海底の安定的な地層の中に放射性物質を廃棄するというアイデアが研究されているようである。狭い国土の中ではなく、深海の下で、海底のプレートの動きを考えて、数万年間は安定していると考えられる海底中の地盤を探していくことも必要ではないかと考えらえる。

(引用・参考文献)

1) 宮崎駿著『風の谷のナウシカ』徳間書店（1984）
2) 山田吉彦著『海洋資源大国日本は「海」から再生できる―国民も知らない海洋日本の可能性』海竜社（2011/02）
3) 平朝彦、辻喜弘著『海底資源大国ニッポン』アスキー新書（2012/06）
4) 東京大学海洋アライアンス編『海の大国ニッポン―東大の最先端頭脳が解き明かす日本の海の不思議と可能性』小学館（2011/10）
5) 山田吉彦著『日本は世界4位の海洋大国』講談社（2010/10）

第6章 パラダイムシフト後の文明世界の俯瞰

最後に第6章では、新しい文明のパラダイムシフトが起こった後の世界について、特に少し先の未来の視点で考えていくこととする。

1. 文明によって変わる生態系；文明進化は生物進化を加速する

生物の進化が加速してきているという見方を第1章で示した。カンブリア紀の進化爆発のように生物の多様性が大きくなるにつれて、種と種の間での相互作用の機会が爆発的に増加し、進化が進む確率が高くなったと考えられる。生物が、単細胞から多細胞生物に進化するまで、およそ32億年かかったが、その1億年後には、カンブリア紀の進化爆発が起こっている。さらにカンブリア紀の進化爆発から5億年のうちに、恐竜の全盛期を過ぎ、さらに哺乳類などの動物の大型化へと続いてきている。最近の180万年において高度な知能をもった人類が誕生し、その人類はここ60年ほどでコンピュータを作り出し、コンピュータの中の人工知能が人間を超えるときが早ければ2045年といわれている。

そして、文明の起こった6,000年前からは、生物の進化をとりまく環境もまた変化してきている。生物の周りに文明というものが存在することにより、生物にとっても新しい未知の環境となり、その中で進化せざるを得ない状況になってきている。文明の存在が生物の進化の必要性を高くしていると考えられる。

一方でこれも第1章で考察したように、文明の進化も加速してきており、文明の様相の移り変わりが速くなってきていると考えらえる。人類の誕生から農耕文明が生まれるまで180万年かかっているが、農耕文明から産業文明までは、1万年程度しか経過していない。次の文明のパラダイムシフトが間近にせまっていると仮定し、今後100年以内にパラダイムシフトが起こるとすると、産業文明から次の文明シフトまでは、300〜400年程度の間隔になる。さらにその次にくる文

明のパラダイムシフトの波は、数十年ぐらいの間隔になるのだろうか。

　このように生物の進化も、文明の進化も加速していることはわかるが、ここで問題は、生物の進化も加速しているものの、文明の進化のスピードが、生物進化のスピードよりもはるかに速いことである。大きな体の生物になるほど、寿命が長く世代交代の間隔が長くなるため、自然界の適応進化のスピードでは、数十年という短期間では大きな進化は生じない。一方で産業革命後の社会は、数十年という単位で大きく変化してきており、その変化に伴い地球環境や自然環境が大きく変化してきている。しかしこの急激な変化に対して、適応できずに絶滅していく生物の種類が非常に多くなってきているのが現状である。文明の進化のスピードがもっとゆっくりであれば、その変化に適応した新しい生物が進化して生まれる可能性もあるが、数十年というタイムスパンでは新しい生物種が生まれ進化する時間的余裕がなく、絶滅の一方となっている。このままでは、地球史上の6回目の「大絶滅」を経験してしまう可能性もある。人類が引き起こした気候変動や自然環境破壊を契機として、生物の大絶滅がおこるというシナリオは、まったく可能性がないシナリオではないと考えられる。このときは、多くの生物種が絶滅する中で、人類は生き残るのだろうか、人類もかなりの数の減少を余儀なくされるのだろうか。

　それではこのような問題を次の文明のパラダイムではどのように克服していけばよいのだろうか。第4章の文明の設計図でも示したように、次のパラダイムシフトが起きたあとの最終的な形態は、文明社会と生態系が融合して一体となっていくという図であった。この融合を進めるのは、ナノマシンや分子機械などのさまざまなテクノロジーであると予想される。そして、人類社会や自然環境の中にナノマシンが入り込んでいったときに、今までの生物や生態系が現状のままの形で存在できない可能性が高くなると考えられる。ナノマシンや分子機械という人工的なものが生物や生態系の中に存在するということを前提として、文明と生態系とを共に永続的に存続する新しい生態系に進化して変容していくことが必要である。このとき、生物の進化の速度を上げる必要性が高くなる。前述のようにあと100年以内に文明のパラダイムシフトが起こる可能性もあり、自然におこる進化を待っていては到底間に合わない。今後はバイオテクノロジーなどの生物工学の応用により、生物を人工的に進化させ、進化を加速させていくことが行わ

れるのだろうか。しかし現状の人類の科学知見では、生物の形成原理や進化のメカニズムも完全には解明しておらず、生物の進化を起こすことや、それをコントロールして、新しい生態系をつくることは非常に難しい状況である。多くの生物種について、人類がその遺伝子や生息条件をつくり変えるのは不可能に近いと考えられる。

この問題を解決できる方向は、人類社会と生態系の間に新しい階層を構築し、従来の生態系を包み込む「マクロ生態系」ともいうべき階層を新たにつくっていくことであると考えられる。このマクロ生態系は、ナノマシンなどにより構成され、自然界と人間社会の間で自律的に存在するものとなるだろう。これは個々の生物の遺伝情報を書き換えて、新しい生態系をつくるよりははるかに容易である。

いずれにせよ、文明社会と生物界とを融合した体系を「設計」できる能力を人類が獲得する必要がある。しかし、現在の科学技術のレベルでは、生物学や数理学などのさまざまな知見が蓄積されてきているが、まだ設計作業ができるほどの知見には到達していない。仮に要素技術として自己組織化機械（ナノマシン）ができても、ある程度全体を設計する技術がないと、グレイグーによる暴走などがおきてしまい、人類絶滅のシナリオになってしまう。このようなナノマシンの全体を統制するようなナノマシン社会のルールや秩序の維持方法に関する技術は、これから文明設計工学として研究が進められていく中でひとつの大きな課題であると考えられる。もしかすると人類の知能を超えた人工知能が、その多くの部分を進めてくれるのかもしれない。

2. 文明によって変わる人類；そして「惑星生命体」への進化

前節では、加速する文明の進化のスピードに合わせて、生物進化のスピードも高くなる必要があり、また文明の存在を前提とした新しい形の生態系へと転換させていく必要性が高いことを述べた。次に、文明が進化することで人類自体も変化していくことが求められていくかという点を考えてみたい。これまで考えてきた文明の将来設計図においては、人類や産業は、ナノマシンなどの自己組織機械に囲まれ、人間がやるべき多くの作業を機械に代替している世界であると考えら

れる。また、人工知能の発展により、社会システムの制御など多くの部分を人工知能に頼る生活となっている可能性もある。そしてこのような強力な自己組織機械や人工知能と共存していくために、人類自体も、文明との相互関係の中で共進化していくことが求められるだろう。

　それでは、環境中に多くの自己組織化機械や人工知能があるときに、人類はどのように進化（あるいは退化）していくのだろうか。単に自己組織機械や人工知能に頼るだけでは、人類は働くことも考えることもせずに、脳や体機能が徐々に退化していくと考えられる。自己組織機械や人工知能が自らを進化させる機能を獲得した場合、人類がいなくても機能して、機械自身が自己進化していける機械文明ができてしまい、人類は不要な存在になってしまう可能性もある。またこれが高度な知能をもった生物の進化の必然かもしれない。

　いずれにせよ新しい文明の設計においては、文明の中での人類の役割を再定義していくことが必要になると考えられる。それではこれからの文明において人類に求められていることを考察していくこととする。一つ目の人類の役割は、自己組織機械やナノロボット、人工知能などが、それぞれ独自に勝手に動きだして、人類や生態系を支配してしまうことを牽制することであると考えられる。二つ目は、芸術や美術といった生物界の中で人類しか行っていない活動を維持して発展していくことであろう。そして、これらを行うためには、ナノマシンや人工知能に対抗できる知能と体に人類も変化していかないとならない。もちろん生物学的な体は、そう簡単に進化しないが、ナノマシンなどを体内に取り込んで、人類の形が変わっていくことも必要なのではないかと考えられる。その先には、人類が生物としての肉体を超え、ロボットと融合したような新しい生物の存在形態に進化していく可能性もある。

　またコンピュータ上での人工知能の進歩が進み、人類を超える知能の獲得の可能性が言われている。いわゆる「2045年問題」といわれているものである。早ければ2045年頃には、人工知能の性能がすべての人類の知能の合計よりも高くなる可能性があると指摘されている。そしてロボット技術やコンピュータの進歩により、人間の仕事が機械に奪われて失業する可能性についても、近年さまざまな文献で指摘されることが多くなってきた。

　一方で単純にコンピュータが人間の脳とそっくりの機能を持つようになるも

のではないと考えられる。コンピュータの中の知能は、人間とまったく同じものにならない。もし人工知能が人間の脳と同じで、さらに人間のような知覚、聴覚、言語能力、情感などがあったら、人工知能は自分の体や手足を必ずほしがるようになると思われる。人工の体を自己組織機械によって組立、体を獲得した人工知能は、動き回ってさまざまな欲望を達成していくだろう。これは人間にとっては非常にやっかいな存在になると容易に予想できる。特に人類を超える知能があるのなら、人類を支配してしまう可能性もある。

　もちろん人間の脳とコンピュータの脳とでは、その構造や特徴に差がある。例えばコンピュータは計算が得意であるが、人間の脳は計算が苦手（一部の例外を除く）である一方で、新しいものを創造する能力に長けているなどである。このようなお互いの長所をうまく利用して、人間とコンピュータの共進化が始まることが望ましいと思われるが、それが具体的にどのような姿になるのかが未知である。今後の研究課題である。

　さらに、文明のパラダイムシフトが進むと、地球全体がその生態系や文明を含めて、ひとつの生命体のようにふるまうことが考えらえる。ラブロックの提唱した「ガイア」に、生態系だけでなく、文明や産業や人類も加わり、全体として自律調整システムが成立している姿である。グレゴリ・ストックは、このような地球的超生命体を「メタマン」[1]と呼んでいる。

　米ヒューレッド・パッカード社は、「地球神経網」という、地球上に張り巡らされた情報通信網により、地球全体を「スマート化」する計画を提唱している。社会の情報通信技術は、この惑星生命体を支える神経系のようなものであると考えられる。人類の脳でいえばシナプスにあたるこのような社会の情報ネットワークがより細かく、複雑に進化することで、惑星自体が知能をもつことも考えられる。このような惑星生命体の中では、人類の存在は地球にとって、生物の体内に存在する共生菌のような存在になっていくのかもしれない。人類は惑星生命体を内部からゆるやかに支配し、逆に惑星生命体も人類をゆるやかに自律的にコントロールするような関係である。コントロールされたほうが人類も無用な紛争などが起きずに平和的に生活できる可能性もある。惑星生命体のコンセプト図を図6-1に示す。

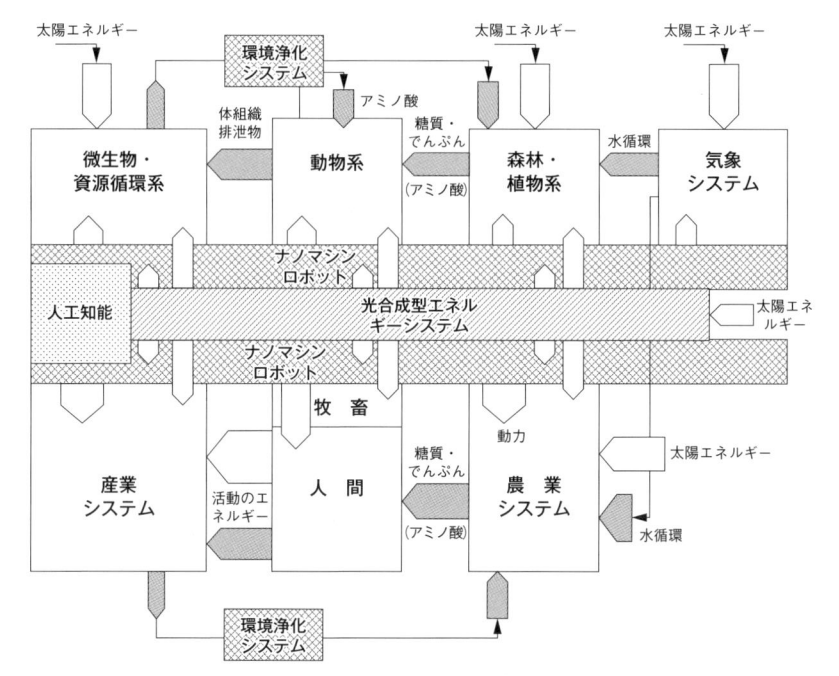

図6-1 惑星生命体のコンセプトデザイン

3.「惑星生命体」がつくる宇宙生態系への進化

　さらに「惑星生命体」がつくる、少し遠い先の文明を考えていくこととする。惑星自体が知能を持てば、その「惑星知能」がその次にくる新しい文明をつくっていくことも考えられる。第2章で紹介したように、エネルギーの視点から文明を分類する視点では、惑星レベルのエネルギーを利用できる文明はタイプ1の文明であった。この惑星生命体の文明は、タイプ1のレベルに達した文明となり、「惑星知能」は、惑星レベルのエネルギー制御が可能となるだろう。

　人類は宇宙に進出をするため、自らの形を変えてさらに「惑星生命体」という"超生命体"という衣をまとって、遠い宇宙へと進出をしていくのかもしれない。いずれ「惑星生命体」は、自己複製機能をもち、「惑星生命体」の子どもを生み出して宇宙空間に広がっていくのだろうか。

　ここで最後の疑問は、惑星生命体はなぜ存在するのか、存在する必然性はある

のかという点である。生命がなぜ存在する必要があるのかという質問にも通じる部分がある。宇宙生態系の中で、惑星生命は進化、増殖していき、宇宙空間という場で新しい、超文明がうまれていくのかもしれない。そしてこの超生命体による超文明は、ダークマター、ダークエネルギーなど未知の物質やエネルギーをつかった新たな生命体の誕生へとつながるのかもしれない。

すでにこのエネルギーレベルが1や2の文明にたどりついている星や銀河が、宇宙のどこかにあるのかもしれない。それは、なぜ地球外知的生命体が地球に来ないのかという答えのひとつになるかもしれない。宇宙の中では、地球に似た惑星が沢山あると考えられている。近年の観測技術の発展で、地球以外の恒星の惑星がいくつもみつかってきている。いずれも木星のように巨大な惑星が多いが、中には地球型の惑星もみつかりはじめている。そのような惑星において知的生命体がうまれ、地球よりも遥かに進化が進んでいた場合、すでに惑星生命体や超文明まで進化しているかもしれない。そうした超文明が存在する銀河では、惑星生命体の生態系が形成されているだろう。そのような世界では、地球に生息する人類や生命体は非常に原始的な存在に見えてしまい、例えば人間の視点でみたときの地面の水たまりに生きるバクテリア群のように、とるに足らない、興味をひかない存在なのかもしれない。惑星生命体は、それぞれがお互いに生存競争を繰り返して、さらに新しい文明の創出に忙しいので、過去を振り返る余裕がないのかもしれない。惑星生命体の中にいる「考古学者」や「古生物学者」の興味をひかないかぎり。

(引用・参考文献)

1) グレゴリ・ストック著『メタマン―人と機械の文明から地球的超有機体へ』白揚社（1995）

(参考文献)

グレゴリー・コクラン、ヘンリー・ハーペンディング著『一万年の進化爆発―文明が進化を加速した』日経BP社（2010）

スチュアート・カウフマン著『自己組織化と進化の論理―宇宙を貫く複雑系の法則』ちくま学芸文庫（2008）

エリッヒ・ヤンツ著『自己組織化する宇宙―自然・生命・社会の創発的パラダイム』工作舎（1986）

さいごに

　本書では、文明を生物に対比してみることで、文明も誕生と消滅を繰り返す中で進化していくという観点からみてみた。さらに文明をエネルギーと物質の流れの視点からとらえることで、システム工学的な手法により文明の「形」を表すことができないかを考察した。そして、農業革命や産業革命のように、過去の文明を大きく変化させたパラダイムシフトを考え、次にくる文明のパラダイムシフトの形をシステム的な図として示すことを提案した。もちろんこのような図の表現方法が可能性のすべてではなく、多くの表記方法の可能性もあり、また定量的な表現や設計にも至っていない。しかし、本書で示した方向が、今後の「文明設計工学」という新しい研究分野の創出のための提案書となればと考えている。本書の最後の第6章では惑星生命体などと、やや飛躍したSF的な話を展開したが、突飛な空想というのも人類の持っている特質のひとつではないだろうかと考えている。このような夢物語を描くことが人類の進歩や、科学技術の発展に大きく寄与してきたと筆者は信じている。本書で「2045年問題」を紹介したが、2045年以降に登場する可能性のある「人類の知能を超える人工知能」には、本書の空想力を超える想像力があるだろうか。

　また、機械設計において優れた機械を設計するためには、単に製図を描く手法や記号を知っているだけでは不十分である。当然、機械を構成する材料や機械要素（機械部品）、流体力学、熱力学などのさまざまな機械工学の知識が必要になってくると同時に、それらの知識を統合していく力が求められる。本書で提案する「文明設計工学」においても、優れた設計図を描くためには、設計図を描く技術的手法の発展のみならず、社会学や経済学などのさまざまな分野の学術的な知見を統合していくことが必要になってくると考えらえる。現在の旅客機や自動車などは部品数も多く、数多くの電子部品が使用され非常に複雑なシステムとなっている。これらを設計するためには、一人の設計者ではすべてを設計することはできないものとなっており、多くの分野の技術者の連携が必要である。次にくる文明のパラダイムシフトを考え、新しい文明の設計図をつくるためにも、多

くの文明設計技術者が必要になってくると考えられる。今後は、本書を契機に、文明設計についてさまざまな分野の人が参加して知見の結集ができればよいと考えている。

　最後に本書の「文明設計工学」では経済的な視点を扱ってきていない。機械の設計においても、経済性を考えることは非常に重要な要素であり、機械設計技術者は、同じ機能をなるべく安いコストで実現しなくてはいけない。同様に未来の文明の形を設計するうえでも経済性を考えていくことは必須の事項であると考えられる。貨幣の「発明」により文明がどのように進化してきたなどの面は、本書では扱っておらず、また今後のマネー経済が文明の形に与える影響なども大きな研究テーマの一つである。「惑星生命体」の中での貨幣はどのような役割を果たすのであろうか。巨大な生命体を制御するホルモンのような信号の伝達系のひとつなのだろうか。さらに文明が進化していくと貨幣を超える何か新しい存在が発明されるのだろうか。生態系の動植物は貨幣を使わない。動植物の捕食―被捕食関係の中で物々交換しており、バランスが保たれている。文明と経済モデルの視点は、本書では大きく取り上げないところであるが、この点を深掘していくと新しい経済理論の構築ができるかもしれない。自己組織的で自律的な経済生命体などが生まれ、地域の生活圏を包みこみ、各個人の経済活動を見えないところからサポートするなど、人間にとっても自然環境にとっても優しいシステムが考えられるかもしれない。

　本書の次の目標は「文明設計工学」を体系化して、より定量的に文明を設計できるツールを考えていくことである。非常に幅が広い分野であり、さまざまな分野の研究者や技術者、実務家からの意見や提案をいただければと考えている。

2014 年 4 月 30 日

石田　武志

■著者紹介

石田　武志　（いしだ　たけし）

1966年生まれ。東京理科大学大学院修了。博士（工学）、技術士（環境部門、総合技術監理部門）。財務省系のシンクタンク(財)日本システム開発研究所研究員として、エネルギー分析、環境シミュレーション分野の調査研究に従事。日本工業大学専任講師、准教授を経て、2013年9月より独立行政法人 水産大学校 海洋機械工学科教授。

システム工学で描く持続可能文明の設計図
―文明設計工学という発想―

2014年6月20日　初版第1刷発行

■著　者────石田武志
■発行者────佐藤　守
■発行所────株式会社 大学教育出版
　　　　　　〒700-0953　岡山市南区西市855-4
　　　　　　電話 (086) 244-1268　FAX (086) 246-0294
■印刷製本────サンコー印刷㈱

© Takeshi Ishida 2014, Printed in Japan
検印省略　　落丁・乱丁本はお取り替えいたします。
本書のコピー・スキャン・デジタル化等の無断複製は著作権法上での例外を除き禁じられています。本書を代行業者等の第三者に依頼してスキャンやデジタル化することは、たとえ個人や家庭内での利用でも著作権法違反です。
ISBN978-4-86429-245-0